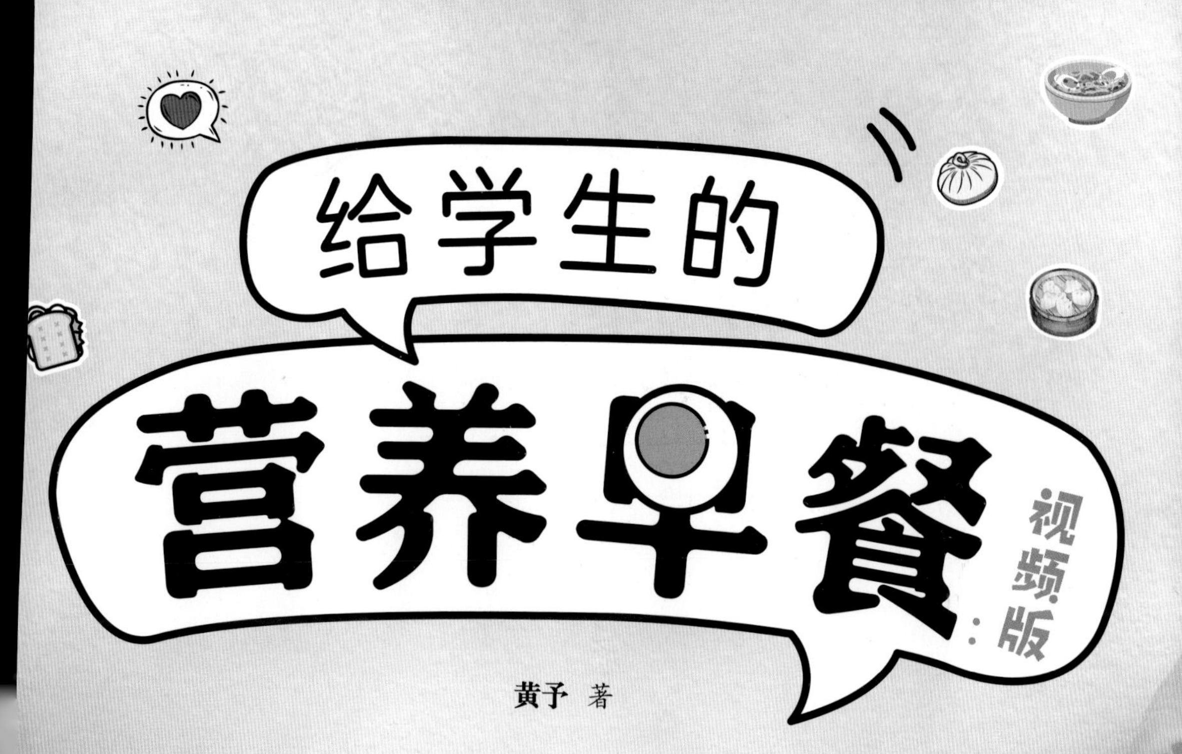

给学生的营养早餐

视频版

黄予 著

江苏凤凰科学技术出版社 · 南京

图书在版编目（CIP）数据

给学生的营养早餐：视频版 / 黄予著 .-- 南京：江苏凤凰科学技术出版社，2025. 2. -- ISBN 978-7-5713-4682-9

Ⅰ. TS972.161

中国国家版本馆 CIP 数据核字第2024LV9317号

中国健康生活图书实力品牌

给学生的营养早餐：视频版

著　　者	黄　予
责任编辑	刘玉锋
特邀编辑	陈　岑　高晓炘
责任校对	仲　敏
责任设计	蒋佳佳
责任监制	刘文洋
出版发行	江苏凤凰科学技术出版社
出版社地址	南京市湖南路1号A楼，邮编：210009
出版社网址	http://www.pspress.cn
印　　刷	江苏凤凰新华印务集团有限公司
开　　本	720 mm × 1 000 mm　1/16
印　　张	13
字　　数	250 000
版　　次	2025年2月第1版
印　　次	2025年2月第1次印刷
标准书号	ISBN 978-7-5713-4682-9
定　　价	42.00元

图书如有印装质量问题，可向我社印务部调换。

自序

我几乎每天都会听到不同的人说“吃好早餐很重要”，但真正能坚持下厨房做早餐的人却不多。外卖如此便利，生活又如此匆忙，于是不少人放弃自己做早餐。早上家长忙着上班，没时间动脑子，也没心情制作复杂的早餐，因此早餐大多简单、重复，孩子不大爱吃。更有不少家长为每天孩子的早餐安排发愁。

我没想过自己的这本新书依然是早餐书，只不过主题变成了学生营养早餐，可见“早餐”从不过时。我是美食博主，也是妈妈，也曾有“今天早餐给孩子做什么”的困扰。

我的孩子对美食拍摄过程已经见怪不怪。他时常凑到我身旁“监工”，不仅会帮我打灯、按快门，还会给我提意见，“妈妈，我喜欢你做的酸辣汤，但是它太辣了，可以把辣椒粉换成胡椒粉吗？”……怎样让早餐更符合学龄期孩子的胃口、快捷又美味是我在创作之前重点思考的问题。对此，孩子给了我很多建议和启发，并帮助我改进了一些实际操作方法。

学龄期孩子需要摄入充足的营养，而早餐作为每天的第一餐，菜品搭配尤为关键。我在这本书中一共呈现了124道早餐，几乎涵盖了早餐的各种类型：暖暖的汤粥、粒粒分明的米饭、爽滑的面条、馅料满满的包子、快手三明治和果蔬汁……孩子点菜家长做，周周不重样。同时，我还给了营养早餐速配方案，让孩子在上学前大脑“开机”，一天思维活跃，有精气神。

黄予

2024年12月

目录

第1章 第2章 第3章 第4章 第5章 第6章 第7章

营养早餐，学生的活力之源

第1章 第2章 第3章 第4章 第5章 第6章 第7章

汤粥好暖胃，开启活力一天

第1章 第2章 第3章 第4章 第5章 第6章 第7章

花样米面，能量满分

第1章 第2章 第3章 第4章 第5章 第6章 第7章

包子、饺子和馅饼，让孩子一上午不饿

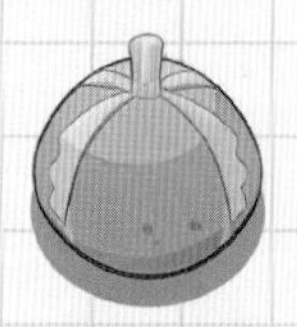

三明治和汉堡，快捷有营养

五彩果蔬汁，握在手里的爱与健康

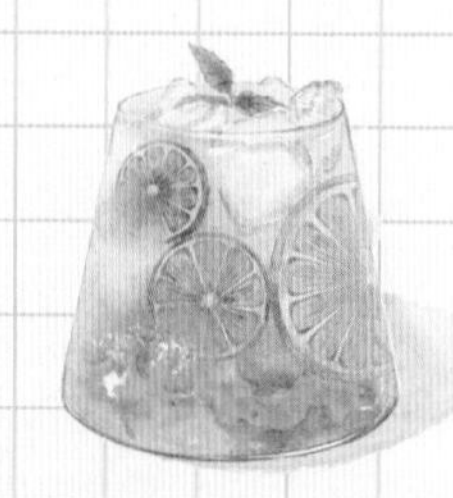

周末一起做早餐

食材、调味料分量说明：

1瓷勺≈8克

1茶匙≈5克

1汤匙≈15克

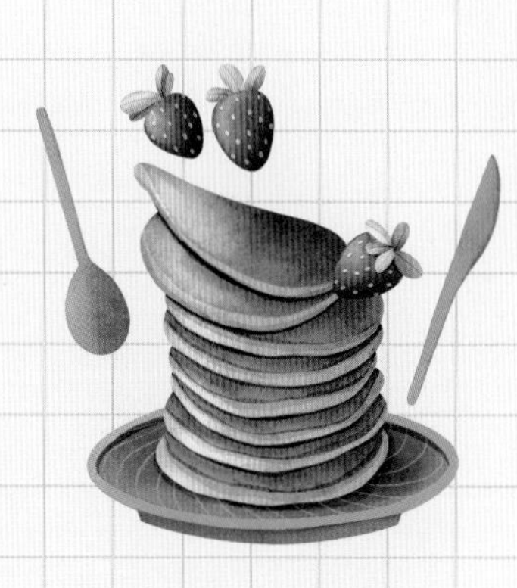

第1章

营养早餐，学生的活力之源

“一日之计在于晨”，作为一天中特别重要的一餐，早餐对孩子的身体和学习起着至关重要的作用。一顿营养丰富的早餐能为孩子提供充足的能量，使孩子以良好的精神状态迎接新一天的学习和挑战。

吃好早餐，学生精力足、视力好、少生病

家长给学龄期孩子做搭配合理、营养丰富、美味可口的早餐，可以让孩子在享受美食的同时提高自身免疫力，精力充沛，学习更有动力。因此，不能低估每天的第一餐——早餐的作用。

营养丰富的早餐让学生积极面对压力

营养丰富的早餐能帮助学生缓解学习压力，减少因疲劳而产生的负面情绪，以更加积极的心态面对学习和生活中的各种挑战。一方面，早餐中丰富的碳水化合物不仅能提供饱腹感，还能刺激大脑分泌多巴胺，使孩子感到平静和满足。另一方面，好吃、色彩丰富、种类多样的早餐也能让孩子心情愉悦，开启充满活力的一天。

学生早餐吃得好，学习更高效

对于学龄期孩子来说，良好的大脑功能是取得优异学习成绩的重要保障。大脑这部“机器”正常运转需要葡萄糖等营养物质作为“燃料”。而孩子早餐吃得不好，大脑就没有充足的能量，功能会受到抑制，上课的时候难以集中注意力，思维变得迟缓，记忆力也会下降，让学习效率大打折扣。此外，注意力不集中还可能导致孩子听课走神、做题犯错等，影响孩子的学习成绩。

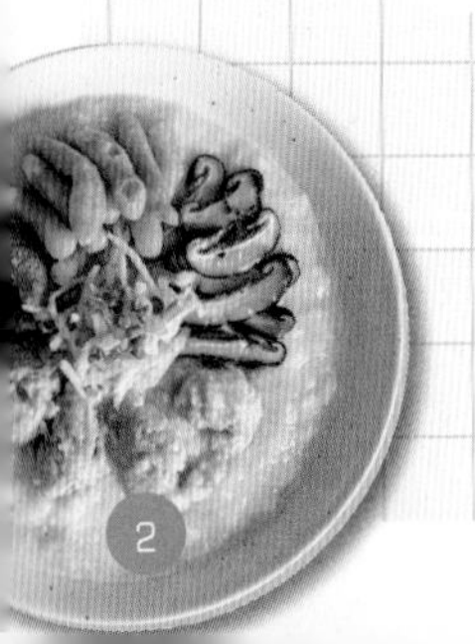

偏胖学生：早餐以高饱腹感的低脂食物为主

因为学习压力大，很多孩子喜欢吃零食，早餐时爱吃蛋糕、巧克力、油条等高糖、高脂肪的食物。长期如此导致体重超标，不仅上课时容易疲惫、困倦，无法保持专注，影响学习效率，日常活动也变得吃力。

偏胖的孩子早餐时可以选择燕麦片等作为主食。燕麦富含膳食纤维，能增强饱腹感且热量相对较低；搭配一个水煮蛋和一杯低脂牛奶，补充蛋白质和钙；再配上一些蔬菜，如黄瓜、生菜等，增加维生素和膳食纤维的摄入量。

偏瘦学生：早餐适量增加能量摄入

排除遗传因素和疾病问题，孩子过瘦很有可能是营养摄入不足导致的。不爱吃饭、胃肠功能弱、饮食习惯不好等都会影响孩子体重增长，而孩子大脑发育缺乏必需的营养素会引起注意力不集中、记忆力下降等问题，让孩子无法专心投入学习和日常生活。

偏瘦的孩子早餐时可以选择富含碳水化合物且容易消化吸收的食物，比如小米粥、南瓜粥等作为主食；搭配鸡蛋、鱼肉等富含优质蛋白的食物，帮助孩子增加肌肉量；再搭配一些坚果，如杏仁、核桃等，补充不饱和脂肪酸，以及新鲜水果，如香蕉、草莓等，补充维生素。

学生早餐必需的营养素

营养均衡的早餐对于学龄期孩子身体发育和维持健康体魄至关重要。蛋白质、脂肪、碳水化合物、维生素和矿物质是维持人体正常生理功能、促进身体发育的必需营养素，因此家长在选择早餐食材时，要优先考虑富含这些营养素的食材。此节表格中的数据均来自《中国居民膳食营养素参考摄入量（2023版）》。

钙：生命活动的“调节剂”

钙是人体中含量最多的一种矿物质，是构成骨骼和牙齿的主要成分。《中国居民膳食营养素参考摄入量（2023版）》中指出，学龄期孩子钙推荐摄入量随年龄增长由每日600毫克增至每日1000毫克。也就是说在保证每日300毫升及以上液态奶或相当量的奶制品的基础上，孩子还需要通过吃豆制品、坚果、绿叶蔬菜、芝麻酱等补钙。

充足的钙能让孩子在日常活动中尤其是运动时更加自如，减少受伤的风险，也能让孩子的身体状态跟上发育速度。

同时，充足的钙还能使孩子身体保持良好状态，精力充沛且注意力集中，学习更加专注。钙对孩子神经系统的正常功能有积极影响，可间接保障大脑的良好运转，从而提高思维的敏捷性，优化记忆力，进而提升学习效率。

早餐推荐食材： 牛奶、全脂奶粉、芝麻酱、豆腐等。

铁：不贫血，注意力更集中

铁是人体必需的微量元素之一，在维持人体正常免疫功能方面发挥着重要作用。缺铁性贫血会导致学龄期孩子身体发育受阻、体能下降，出现注意力与记忆力调节障碍，学习能力随之下降。不同年龄段的孩子，铁的推荐摄入量略有差异。

6~17岁儿童与青少年每日铁参考摄入量

年龄	摄入量
6岁	10毫克
7~8岁	12毫克
9~11岁	16毫克
12~14岁	男孩为16毫克，女孩为18毫克
15~17岁	男孩为16毫克，女孩为18毫克

大致自12岁起，孩子进入青春期。女孩开始出现月经初潮，铁会随经血排出体外，因此每日铁推荐摄入量较同龄男孩多2毫克。

动物性食物所含铁为血红素铁，易被人体吸收，吸收率为15%~35%；植物性食物所含铁为非血红素铁，吸收率为3%~5%。因此，通过食物补铁的最好方法就是食用富含血红素铁的食材，如动物内脏、瘦肉等。早餐来一碗瘦肉粥或菠菜猪肝粥都是不错的选择。维生素C会促进铁的吸收，因此早餐时可以吃些维生素C含量高的水果，如猕猴桃、鲜枣等，让补铁事半功倍。

早餐推荐食材：黑木耳（干）、鸭血（白鸭）、猪肝、鸡肝、瘦肉等。

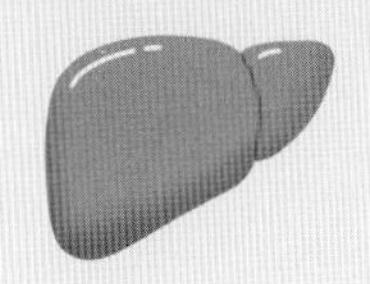

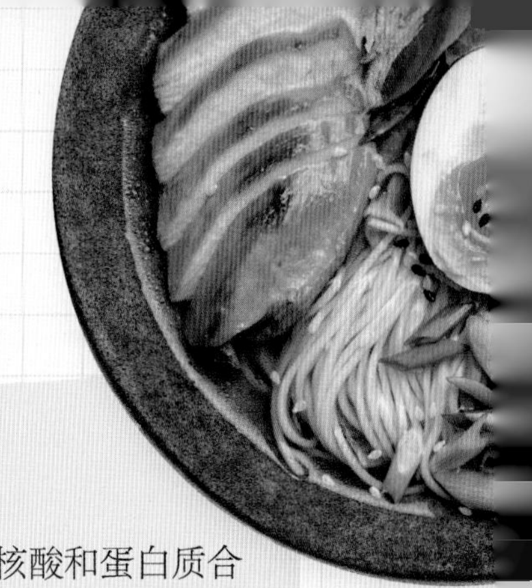

锌：保护学生免疫力

锌几乎参与人体内所有的代谢过程，是人体内核酸和蛋白质合成必不可少的微量元素之一，对生长发育、智力发育、免疫功能等均具有重要作用。

6~17岁儿童与青少年每日锌参考摄入量

年龄	摄入量
6岁	5.5毫克
7~8岁	7毫克
9~11岁	7毫克
12~14岁	男孩为8.5毫克，女孩为7.5毫克
15~17岁	男孩为11.5毫克，女孩为8毫克

常见的含锌丰富的食物有贝类，如生蚝、扇贝等，早餐可以给孩子做一碗海鲜粥；还有动物肝脏、蘑菇、坚果和豆类，早餐时吃一把坚果，营养更全面；肉类（以红肉为宜）和蛋类也含有一定量的锌，早餐时来一碗雪菜肉丝面或者荷包蛋面，快捷又营养。

早餐推荐食材：小麦胚粉、蛏干、山核桃、扇贝、口蘑、松子、香菇、猪肝等。

钾：保证学生日常代谢

钾是人体必需的常量元素之一，主要分布在细胞内，在能量代谢、体液平衡、维持神经和肌肉正常功能等方面起着重要的调节作用。

学龄期孩子活泼好动、容易出汗。而盛夏气温高，人体出汗量增加，大量出汗会导致体内水分与钾元素的流失。体内缺钾往往使人倦怠无力，影响孩子日常活动和学习。此时，孩子需要及时补充水分并吃些富含钾的食物，以恢复体内钠钾平衡。

蔬菜和水果是钾主要的食物来源。一般来说，饮食正常的孩子不会缺钾。但前提是日常摄入足量的蔬菜、水果等。如果孩子日常蔬菜和水果吃得过少，长此以往就可能钾摄入不足。

6~17 岁儿童与青少年每日钾参考摄入量

年龄	摄入量
6岁	1100毫克
7~8 岁	1300毫克
9~11 岁	1600毫克
12~14岁	1800毫克
15~17岁	2000毫克

早餐推荐食材：黄豆、竹笋、香菇、紫菜、土豆、菠菜、香蕉、苹果等。

碘：智力发育的关键

碘是人体必需的微量元素之一，素有“智力元素”之称，是人体内合成甲状腺激素的必需元素。根据《中国居民膳食营养素参考摄入量（2023版）》的建议，碘的摄入量应依照年龄，遵循科学、长期、微量、日常和生活化的原则有所变化。不同年龄段孩子每日碘参考摄入量如下。

6~17岁儿童与青少年每日碘参考摄入量

年龄	摄入量
6岁	90微克
7~8岁	90微克
9~11岁	90微克
12~14岁	110微克
15~17岁	120微克

碘是一种比较活泼的元素，经光照与加热后容易升华，因此购买加碘盐后应将其放在阴凉、干燥处，盐罐要加盖。

人体主要通过膳食来获取碘，因此宜通过天然食物为孩子补碘。因为加碘盐中的碘会在制作菜肴时有所损失，所以烹饪过程中要注意放加碘盐的时机，尽量减少碘的损失。例如，热油爆锅时不要放加碘盐，可在菜快熟时放入加碘盐。

早餐推荐食材：海带、紫菜、三文鱼、带鱼、海虾等。

B 族维生素：让学生活力十足

B族维生素参与人体消化吸收、肝脏解毒等生理过程，对维持正常生理代谢、神经系统的健康以及生长发育起着重要作用，还能帮助人体缓解运动疲劳。B族维生素主要包括下表中的8类。

B族维生素种类与常见富含食物

B族维生素种类	生理功能	常见富含食物
维生素B_1（硫胺素）	维持神经、肌肉正常功能以及食欲、胃肠蠕动和消化液分泌	葵花子、花生仁、猪肉等
维生素B_2（核黄素）	参与能量代谢，影响铁的吸收，抗氧化	猪肝、鸡蛋、牛奶、菠菜等
维生素B_3（烟酸）	参与能量代谢，脂质与非必需氨基酸的合成	口蘑、花生仁、香菇、鸡胸肉，猪肝等
维生素B_5（泛酸）	参与脂肪酸的合成，参与蛋白质的代谢	肝类、肉类、蛋黄、全谷物、蘑菇、坚果等
维生素B_6（吡哆素）	参与氨基酸、糖原、脂肪酸的代谢，维护免疫功能	葵花子、辣椒、金枪鱼、鸡胸肉、黄豆
维生素B_7（生物素）	参与脂类、碳水化合物、某些氨基酸和能量的代谢	花生仁、茶树菇、猪肝、乌鸡蛋、辣椒、腐竹等
维生素B_9（叶酸）	促进细胞分裂与生长	猪肝、黄豆、菠菜等
维生素B_{12}（钴胺素）	促进核酸、蛋白质合成	猪肝、牛肉、蛋黄等

维生素C：促进铁的吸收，提高免疫力

维生素C又称“抗坏血酸”，是人体必需的水溶性维生素之一。它具有抗氧化作用，能清除体内自由基，并还原三价铁为二价铁，促进人体对铁的吸收。此外，维生素C还能调节免疫功能，帮助孩子增强对疾病的抵抗力。

6~17岁儿童与青少年每日维生素C参考摄入量

年龄	摄入量
6岁	50毫克
7~8岁	60毫克
9~11岁	75毫克
12~14岁	95毫克
15~17岁	100毫克

日常生活中，1个猕猴桃和适量蔬菜就足以保证孩子每日摄入足够的维生素C。因此，家长只要每日给孩子的安排一两种水果与两三种蔬菜，即可满足孩子对维生素的需求。

但要注意的是，维生素C很容易被氧化，在食物贮藏或烹调过程中极易被破坏，因此家长宜多给孩子吃新鲜蔬果，在保证食物煮熟的前提下，尽量减少食物烹调的步骤和时间，以免维生素C被过度破坏。

早餐推荐食材：苋菜、甜椒、西蓝花、鲜枣、猕猴桃、草莓、柑橘、葡萄等。

蛋白质：强壮身体，健脑益智

肌肉、骨骼、皮肤、头发、指甲等都由蛋白质构成。学龄期孩子身体、大脑快速生长发育，充足的蛋白质供给可为此打下坚实的基础。

构成人体蛋白质的氨基酸有21种，其中有9种是人体不能合成或合成速度不能满足机体需要的，必须由食物供给。富含优质蛋白的食物有牛奶、瘦肉、鱼、虾等。在每日膳食中，动物蛋白不宜少于每日所需蛋白质总量的50%。

6~17岁儿童与青少年蛋白质每日参考摄入量

年龄	摄入量
6岁	35克
7~8岁	40克
9岁	45克
10岁	50克
11岁	55克
12~14岁	男孩为70克，女孩为60克
15~17岁	男孩为75克，女孩为60克

家长安排孩子的日常饮食，除了要选择富含优质蛋白的食材，还要关注植物蛋白和动物蛋白混合摄入，使孩子摄入的氨基酸种类更全面，满足孩子生长发育的需求。但要注意，不能让孩子摄入过多肉类，否则可能造成能量摄入过剩，导致肥胖，增加孩子胃肠、肝脏、胰腺和肾脏的负担，进而导致胃肠功能紊乱甚至影响肝脏、肾脏功能，对孩子身体不利。

早餐推荐食材：黄豆、绿豆、小麦粉、猪瘦肉、牛肉、鸡蛋、牛奶等。

碳水化合物：能量“燃料”，让学生头脑更清醒

碳水化合物，也称“糖类”，是为人体提供能量的“主力军”。常见谷物的主要营养成分就是碳水化合物。学龄期孩子的膳食中，碳水化合物的能量贡献目标为总能量的50%~65%。

碳水化合物分为可消化与不可消化两部分。可消化的碳水化合物为人体提供能量，主要包括淀粉与“简单糖”，不可消化的碳水化合物通常指膳食纤维。淀粉属于多糖，经肠道消化吸收，可转化为人体需要的葡萄糖，而“简单糖”包括单糖（葡萄糖、果糖等）与双糖（蔗糖、麦芽糖、乳糖等）。市售的甜饮料和甜食中含有人为添加的“简单糖”，而大量摄入“简单糖”是导致孩子出现龋齿与肥胖等问题的重要原因。因此，家长需要控制孩子摄入“简单糖”，可用自制奶昔、蔬果汁代替市售产品。

早餐推荐食材：大米、小米、紫米、玉米、燕麦、荞麦、黑麦等。

脂肪：供能“储备军”，构成DHA的“原材料”

脂肪酸是脂肪的主要组成部分。人体内不能合成，必须从食物中获取的脂肪酸被称为必需脂肪酸，包括亚油酸、α-亚麻酸。人体可以利用α-亚麻酸合成二十二碳六烯酸（DHA）。

学龄期孩子膳食脂肪供能占比宜为20%~30%。优质脂肪的来源包括富含不饱和脂肪酸的鱼类、坚果、橄榄油等，早餐时可以选择一小把腰果、开心果或2个核桃搭配主食，烹制食物时也可以选用橄榄油。家长要控制孩子摄入含饱和脂肪酸和反式脂肪酸的食物，如动物油、油炸食品、奶油蛋糕等。

早餐推荐食材：橄榄油、菜籽油、亚麻籽油、坚果类、鸡蛋（蛋黄）等。

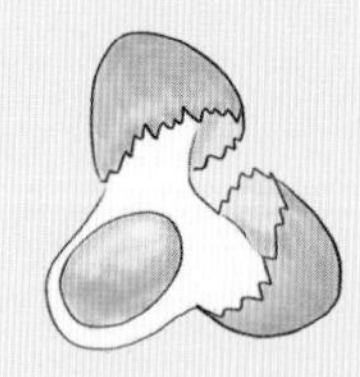

膳食纤维：促进肠道蠕动，有助于预防和缓解便秘

膳食纤维是一种存在于水果、蔬菜和谷类中的多糖，包括纤维素、半纤维素、果胶、木质素等。它可以促进肠道蠕动，增加饱腹感，从而调控孩子的体重，还有助于预防便秘。

《中国居民膳食营养素参考摄入量（2023版）》建议：6岁孩子每日宜摄入膳食纤维10~15克；7~11岁、12~14岁、15~17岁孩子每日宜摄入膳食纤维分别为15~20克、20~25克、25~30克。举例来说，半碗蔬菜或1份水果（如一个中等大小的苹果或橙子）或1份全谷主食（如1片全麦吐司），可以提供2克膳食纤维。

谷物的麸皮含有大量膳食纤维；柑橘、苹果、石榴、猕猴桃等水果和卷心菜、甜菜、豌豆、蚕豆等蔬菜也含有较多的膳食纤维。而全谷物（黑大麦、荞麦、玉米、糙米等）是膳食纤维的重要来源。因此，家长应有意识地在孩子的早餐中增加蔬果和全谷物，做到粗细搭配。

早餐推荐食材：燕麦片、全麦面包、荞麦面、西芹、芦笋、猕猴桃、苹果等。

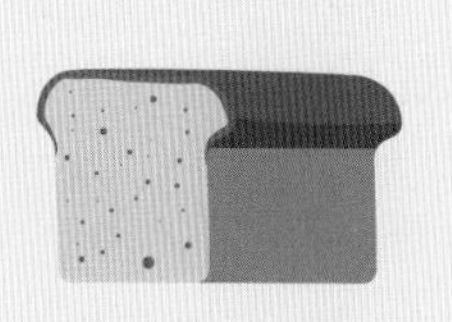

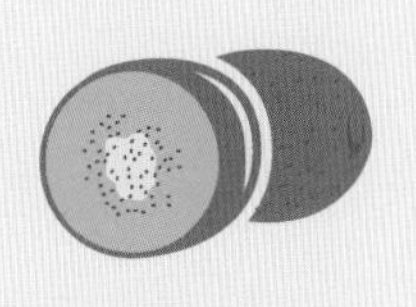

早餐中可保护学生视力的营养素

随着年龄增长，孩子学习压力越来越大，用眼频率随之增高。通过早餐补充可保护视力的营养素，能帮助孩子维持良好的视力水平。

叶黄素：吸收蓝光，保护眼睛

叶黄素是一种抗氧化剂，集中在视网膜黄斑区，可以吸收蓝紫光，减少自由基对眼睛的伤害，对眼睛起到保护作用。学龄期孩子每天长时间看书，还要完成一定量的书面作业，也可能过度使用电子设备等，这些都会导致眼睛疲劳，而缺乏叶黄素可能使孩子的眼睛更易受到光损伤。 6~18岁的学龄期孩子，一般建议每天摄入6~20毫克的叶黄素。但具体补充量可能会因个体差异、饮食习惯、用眼情况以及健康状况等而有所不同。菠菜、苋菜、韭菜等深绿色蔬菜富含叶黄素，家长可以在早餐中适当增加这些食材。需要注意的是，叶黄素虽然对孩子的眼睛健康有益，但过量补充也可能对身体造成负担。如果孩子存在特定的眼部问题或健康状况有异常，建议在医生或营养师的指导下确定合适的叶黄素补充量。

早餐推荐食材： 菠菜、甘蓝、南瓜、玉米、胡萝卜、杧果等。

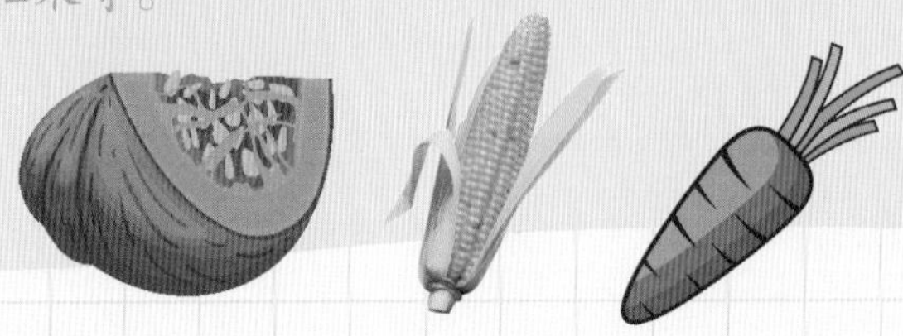

维生素 A：保护视力，学习更高效

维生素A是指具有视黄醇生物活性的一类化合物，包括维生素A_1和维生素A_2，有助于保持视力稳定。

学龄期孩子比较容易缺乏维生素A，而长期缺乏维生素A会使孩子患夜盲症，同时呼吸道、消化道、皮肤也会受影响，对疾病的抵抗力将降低，严重者生长发育会变得迟缓。不同年龄段的孩子维生素A的每日参考摄入量参见下表。

6~17岁儿童与青少年每日维生素A参考摄入量

年龄	摄入量
6岁	男孩为390视黄醇活性当量，女孩为380视黄醇活性当量
7~8岁	男孩为430视黄醇活性当量，女孩为390视黄醇活性当量
9~11岁	男孩为560视黄醇活性当量，女孩为540视黄醇活性当量
12~14岁	男孩为780视黄醇活性当量，女孩为730视黄醇活性当量
15~17岁	男孩为810视黄醇活性当量，女孩为670视黄醇活性当量

维生素A主要存在于动物肝脏中。植物性食物虽不含维生素A，但胡萝卜等黄绿色蔬果却含有维生素A原，即一种在体内能转化为维生素A的类胡萝卜素。

早餐推荐食材：鸡蛋、动物肝脏、乳制品、菠菜、南瓜、番茄、橙子等。

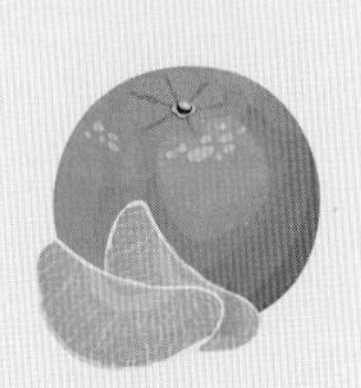

早餐这样做，唤醒孩子食欲

孩子早上没有食欲，可能是因为身体不适，或消化不良、缺锌等。此外，饭菜不合口味、就餐环境不佳等也可能导致孩子缺乏食欲。家长可以试用下面的方法唤醒孩子的味蕾。

丰富的色彩搭配

在早餐中加入红色和紫色的莓果，橙色的柑橘，绿色的蔬菜等，多彩的食物能第一时间吸引孩子的注意力，刺激他们的感官，让他们对食物产生兴趣。

多样的食物种类

早餐应优化食物搭配，既要有饱腹感强的主食，又要有富含蛋白质的鸡蛋、牛奶，还应有蔬菜、水果等。多元化组合能给孩子更多选择，满足他们不同的口味需求，摄入更丰富的营养。

精致的摆盘

将早餐摆成有趣的卡通形象或图案，或是用可爱的餐具盛放食物，这样能增强就餐的趣味性，让孩子觉得吃早餐是一件美妙的事情，进而提升食欲。

美味的口感

通过提升厨艺，比如把面包烤得酥脆、把粥煮得香甜软糯，可以让孩子充分享受品尝美味的过程，真正爱上吃早餐。

测一测，你家的早餐营养均衡吗

家长可以结合学龄期儿童平衡膳食宝塔（下图），根据图后几条标准，判断孩子的早餐是否营养均衡。

盐	6~10岁	<4克/天;	11~17岁	<5克/天
油	6~10岁	20~25克/天;	11~17岁	25~30克/天
奶及奶制品	300克/天			
大豆	6~13岁	105克/周;	14~17岁	105~175克/周
坚果	6~10岁	50克/周;	11~17岁	50~70克/周
禽畜肉	6~10岁	40克/天;	11~13岁	50克/天;
	14~17岁	50~75克/天		
水产品	6~10岁	40克/天;	11~13岁	50克/天;
	14~17岁	50~75克/天		
蛋类	6~10岁	25~40克/天;	11~13岁	40~50克/天;
	14~17岁	50克/天		
蔬菜类	6~10岁	300克/天;	11~13岁	400~450克/天;
	14~17岁	450~500克/天		
水果类	6~10岁	150~200克/天;	11~13岁	200~300克/天;
	14~17岁	300~350克/天		
谷类	6~10岁	150~200克/天;	11~13岁	225~250克/天;
	14~17岁	250~300克/天		
—全谷物和杂豆		6~13岁	30~70克/天;	
	14~17岁	50~100克/天		
薯类	6~13岁	25~50克/天;	14~17岁	50~100克/天
水	6~10岁	800~1000毫升/天;		
	11~13岁	1100~1300毫升/天;		
	14~17岁	1200~1400毫升/天		

☐ 早餐的食物量充足，所提供的能量和营养素占全天的25%~30%。

☐ 早餐食物品种多样，色彩丰富，包括以下四类食物中的三类及以上：谷薯类，可保证碳水化合物的摄入；动物性食物，如鱼禽肉蛋等，可保证优质蛋白的摄入；奶类、大豆、坚果，可确保钙及微量元素、脂肪酸的摄入；蔬菜和水果，可补充维生素和膳食纤维。

☐ 询问孩子上午在校的状态。如果孩子说餐后直到中午才饿，且上午学习时和活动中精力旺盛、注意力集中，这能在一定程度上反映当日的早餐营养均衡且满足了孩子的能量需求。

临考前早餐“巧”用心

对孩子来说，考试无疑是一场对体力和脑力的挑战。而临考状态将极大影响孩子在考场上的发挥。饮食作为影响考试状态的重要因素之一，需要家长用心关注。一份营养均衡的早餐不仅能为孩子提供充足的能量和营养，还能安抚他们紧张的情绪，让他们以饱满的精神和良好的状态迎接考试。

考前不要盲目大补，要保持正常饮食结构

学龄期孩子会面临各种各样的考试。而每当考试来临，很多家长就会给孩子“大补”，认为孩子只有多吃健脑益智的食物才能考得好。但事实是，考前盲目大补可能会让孩子的肠道负担过重，出现腹胀、腹痛、头晕、流鼻血等不适，影响考试发挥。

因此，考前家长不需要刻意改变孩子的早餐结构，在保持早餐正常饮食结构的基础上适量加一些可提高专注力、舒缓压力的食物，就能让孩子在考场发挥得更好。例如，多吃些瘦肉、鸡蛋、坚果、虾仁等，补充优质蛋白的同时还能补充B族维生素，可以让孩子头脑清醒，保持专注力，做题思路清晰。

主食选择高饱腹感、供能时间久的食物

考试前，孩子需要补充充足的能量。家长可以为孩子选择全麦面包和燕麦棒作为主食。全麦面包富含膳食纤维，在肠道内消化相对缓慢，能持续为身体供能，避免孩子考试中途因饥饿而精力分散。燕麦棒则营养丰富，含蛋白质、维生素和矿物质等营养素，可为孩子的大脑与身体提供稳定的动力。

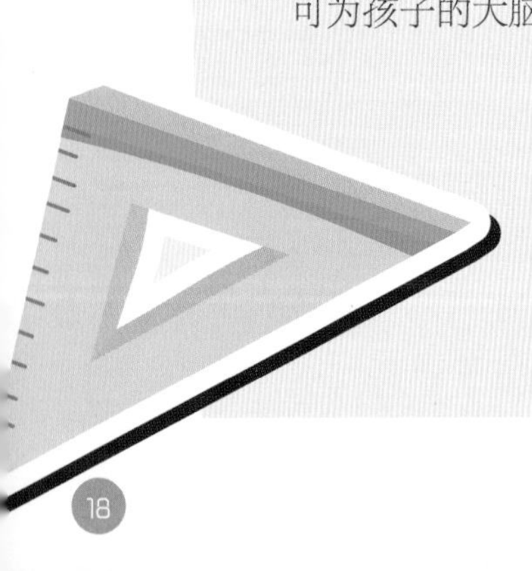

增加蛋白质摄入，提高思维活跃度

鸡蛋是优质蛋白的重要来源，其含有的卵磷脂对提高记忆力和专注力大有益处。一杯温热的牛奶，富含蛋白质和钙，既能为孩子提供能量，又有助于舒缓孩子的紧张情绪。豆浆也是不错的选择，其含有的植物蛋白和大豆异黄酮对孩子身体有诸多好处。

水果不可少，可补充营养并调节情绪

新鲜水果是早餐的重要组成部分。如香蕉富含钾元素，能有效调节心跳和血压，减轻孩子的紧张感，还能为孩子提供一定的能量。苹果富含维生素和膳食纤维，可促进肠道蠕动，帮助消化，让孩子身体舒适，为考试做好准备。

避开“食物雷区”，让孩子状态更稳定

考试前的早餐应避免选择过于油腻的食物，如油条、炸串等。这类食物油脂含量过高，会加重胃肠负担，影响大脑供血和供氧。辛辣的食物也需少吃，以免刺激胃肠，引起不适，影响孩子考试发挥。此外，不宜让孩子过多摄入甜食和甜饮料，以免血糖水平剧烈波动，导致孩子过度兴奋之后困倦和注意力不集中。建议家长为孩子准备新鲜果蔬汁或者牛奶，让孩子可以及时补充水分和能量。

早餐如何搭配更科学

要做好一顿早餐，需注重食物多样和营养搭配均衡：谷物提供碳水化合物，奶类、蛋类含有蛋白质，蔬果含有维生素。而根据不同年龄、体质和生活需求，早餐搭配也要有所区别。具体要遵循以下原则。

粗细搭配

现在的孩子饮食越来越精细，过多食用市售面包、蛋糕及其他精制点心等会对孩子的生长发育产生不利影响。食物粗细搭配能保证孩子摄入足量的碳水化合物，增强饱腹感。一方面，粗粮中的膳食纤维能促进肠道蠕动，预防便秘等；另一方面，细粮中的蛋白质等成分可使早餐营养更加全面均衡。早餐食材搭配粗细得当，能让孩子从早晨就有良好的身体状态和充沛的精力。

荤素搭配

早餐不宜只吃简单的汤粥。首先，孩子可能会较快感到饥饿。简单的汤粥提供的能量消耗较快，因为缺乏蛋白质持续供能，孩子容易在上午学习时精力不足、注意力不集中，影响学习效率。其次，蛋白质不足也不利于孩子的生长发育。蛋白质对于孩子身体组织的生长和修复至关重要，长期缺乏会影响肌肉、骨骼等的正常发育。第三，蛋白质摄入不足可能会使孩子免疫力下降。蛋白质在维持免疫系统正常功能方面有着重要作用，摄入不足可能会让孩子容易生病。此外，还可能影响孩子的大脑发育和思维能力。当然，也不建议一大早就给孩子吃大鱼大肉，以免孩子消化不良。而长期摄入过多脂肪会导致孩子肥胖，增加成年后患心血管疾病的风险。荤素搭配的早餐，才是食物多样和营养均衡的早餐。

干稀搭配

面包、馒头等干的食物富含碳水化合物，能为孩子提供能量，让他们精力充沛。而稀的食物，比如牛奶、豆浆、粥（荤素搭配的粥）等，更容易消化吸收。牛奶和豆浆富含蛋白质和钙等营养物质，有助于孩子的骨骼发育和身体成长。荤素搭配的粥可以滋养胃肠，促进孩子肠道蠕动。

早餐干稀搭配能让孩子既有饱腹感，又不会因为饮食过于干燥而出现肠胃不适，还能调节孩子的口感体验，对早餐更有食欲。

早餐中四类食物不能少

谷物类

如全麦面包、燕麦片等。谷物是碳水化合物的良好来源之一，能快速为身体提供能量，而且富含膳食纤维，可促进胃肠蠕动。

蛋类

蛋类含有丰富的优质蛋白、维生素和矿物质，能为身体提供重要能量支持，促进孩子生长发育。

奶类

包括牛奶、酸奶等。奶类富含蛋白质、钙等营养成分，对大脑和骨骼发育非常重要。

果蔬类

如苹果、香蕉、番茄、生菜等。它们能提供丰富的维生素和膳食纤维，对维持身体正常代谢有很大帮助。

营养均衡的早餐

宜软不宜硬

质地较软的食物更容易消化和吸收，不会给胃肠带来太大负担。孩子正处于生长发育和学习的关键时期，需要充足的精力和良好的注意力。而质地较硬的食物通常不易消化，会加重胃肠负担，导致大脑供能不足，影响孩子学习。

此外，早上时间往往比较紧张，软的食物可以快速准备，食用相对轻松，不需要花费过多力气咀嚼和吞咽，这样能节省时间和体力。而硬的食物大都需要更多时间去处理，不易咀嚼、吞咽，引起孩子反感，导致孩子吃得过少。

宜少不宜多

早餐的能量摄入应占全天能量摄入的25%~30%，而早晨孩子的胃肠蠕动尚不活跃，需要被“唤醒”才能正常“工作”，因此早餐吃七八分饱即可，以免加重肠道的负担。吃早餐的时间保持在15~20分钟，专心用餐，哪怕是周末，也不要边看手机、电视边吃饭，以免影响消化。

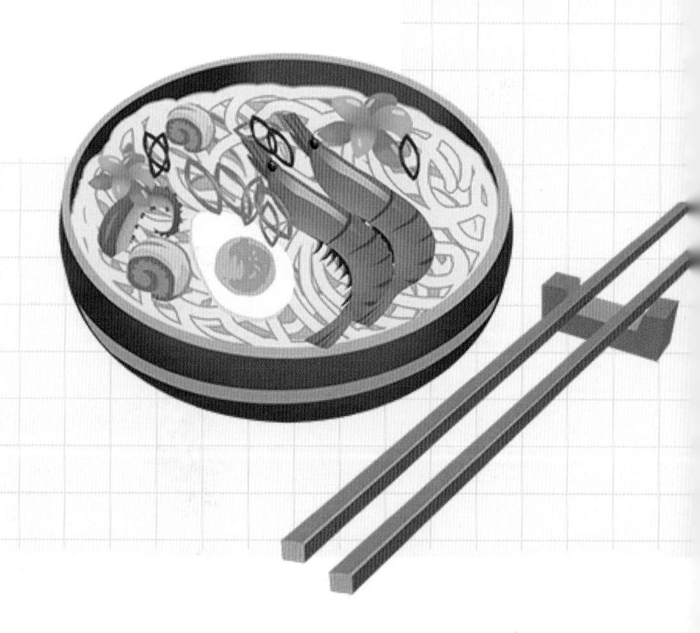

颜色越多越好

不同颜色的食材含有不同的营养成分和生物活性物质，多种颜色的食材搭配在一起可以使早餐营养更加全面和均衡，更好地满足孩子身体的各种需求，为他们一天的学习提供充足的能量和营养支持。

红色食材

如樱桃、红心火龙果等。红色食材通常富含维生素C、类黄酮等抗氧化物质。维生素C有助于提高免疫力，让孩子更好地抵御病菌侵袭；类黄酮能保护心血管健康，为孩子的成长发育提供保障。

黄色及橙色食材

如橙子、杧果、胡萝卜等。这类黄色蔬果通常含有丰富的类胡萝卜素，可在体内转化为维生素A，对孩子的视力发育非常重要，能缓解眼睛疲劳，预防近视，也有助于维持皮肤健康。

绿色食材

如菠菜、芹菜、猕猴桃等。绿色蔬果富含膳食纤维，可以促进胃肠蠕动，预防和缓解便秘等；其含有的维生素和矿物质，能维持身体正常代谢和神经系统功能，让孩子精力充沛。

紫色及黑色食材

如紫甘蓝、黑豆等。深色食材含有花青素，具有强大的抗氧化作用，能保护大脑细胞，提升孩子的记忆力和思维能力，还有助于强健身体。

白色食材

如银耳、百合等。白色食材有润肺、止咳等功效，有助于保持呼吸道的健康，让孩子拥有更好的身体状态。

这些“早餐雷区”不要踩

雷区1

一起床就吃早餐

首先，孩子刚起床，身体可能还未从睡眠状态完全苏醒过来，这时候马上吃早餐可能会导致消化不良，使孩子胃胀、胃痛，影响一整天的状态。

其次，这时候孩子可能还没有产生足够的食欲。在这种情况下强迫进食，可能会让孩子更加讨厌吃早餐，久而久之会养成不好的饮食习惯，比如不吃早餐等。

第三，孩子口腔内残留着夜间睡眠时产生的有害物，没有经过适当清洁就马上进食，可能会让这些有害物进入消化道，对健康带来风险。

早起洗漱结束后，可以让孩子先喝一小杯温开水，补充夜间消耗的水分，润湿口腔、食管和胃肠道黏膜，促进胃肠蠕动，为进食做好准备。

吃过于油腻、刺激的食物

油条、炸糕等过于油腻的食物通常含有较多的脂肪，长期摄入会增加孩子胃肠消化的负担。脂肪消化相对较慢，可能会导致胃肠长时间处于工作状态，引起胃胀、胃痛、消化不良等问题，进而影响孩子学习。长期过多食用这类高脂食物，还可能提高孩子肥胖、患心血管疾病等的概率。

此外，过于辛辣的食物可能对胃肠道黏膜产生较强的刺激，引起不良反应，出现腹痛、腹泻等。对于胃肠道较为敏感的孩子，这种刺激尤为明显，甚至可能引发胃炎、肠炎等胃肠道疾病。

因此，早餐应该以清淡、爽口、好消化的食物为主，粗细结合、干稀搭配，多采用蒸、煮、炖等烹饪方法，让孩子养成饮食清淡的好习惯。此外，也要尽量选择天然的调味料。

雷区 3

高糖食物过多

当孩子一次摄入过多精制面包、蛋糕这类高糖食物时，身体会迅速吸收糖分，导致血糖快速升高。此时，身体会分泌大量胰岛素来降低血糖，这可能会使血糖在短时间内迅速下降，从而引发疲劳、困倦、注意力不集中等情况，不利于孩子在上午保持良好的学习状态。此外，糖分摄入过多还可能导致孩子龋齿。

家长可以给孩子选择高饱腹感、低糖的食物作为主食，比如全麦面包、荞麦面条、燕麦片、山药等，搭配肉、蛋等富含蛋白质的食物和蔬果、坚果，这样既吃得饱，又健康。

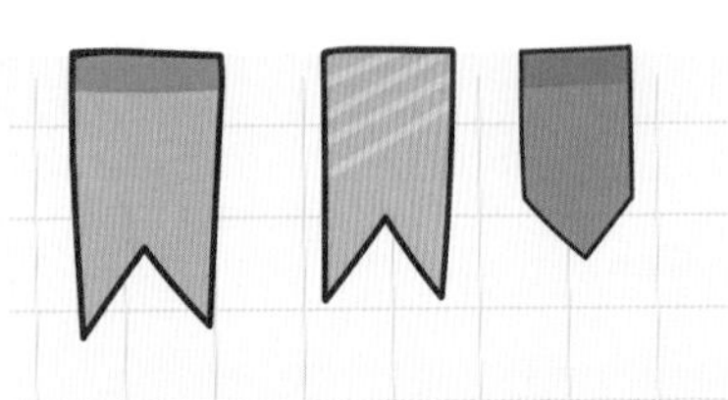

雷区 4

只吃单一食物

有些孩子习惯早上只喝一杯牛奶或只吃一个包子。牛奶虽然富含蛋白质和钙等营养成分，但缺乏其他必要的营养素，如碳水化合物、膳食纤维等，饱腹感低。孩子这么吃，上午十点多就可能会有饥饿感，进而注意力不集中，影响学习效率。

而只吃包子这类主要含碳水化合物的食物，可能会导致血糖波动幅度大，而且维生素、微量元素等摄入不足会影响孩子身体的正常发育。缺乏能量及营养支持，孩子的“发展后劲”也会不足。

家长可以在周末做好下周早餐搭配计划，提前购买食材，保证食材多样，同时询问孩子的意见，让孩子参与食材搭配、选择早餐菜品。

如何提高做早餐的效率

提前规划和准备

每晚睡觉前，家长可确定第二天早餐的种类，准备所需食材。如果要用到肉类，可以将肉类由冷冻室转入冷藏室解冻。如果要做豆浆、米糊，可以将黄豆、大米等食材放入豆浆机，注入足量水并设定预约程序，第二天早晨洗漱完毕就能喝。

利用便捷工具和设备

使用具有预约功能的电饭煲、电炖锅等，前一晚预约煮粥或煲汤。电蒸锅能同时蒸制多种食物，像包子、玉米和鸡蛋等可以同时蒸制，可节约时间。

提前制作保存

如果孩子喜欢吃包子、馒头、花卷等面食，家长可以提前一晚把包子等做好，放入冰箱冷冻，第二天早上取出后直接蒸制。

善用半成品

除了亲手制作面点冷冻备用，家长还可以储备一些速冻包子、饺子、手抓饼、面包、汉堡坯等，早上直接煮、蒸或复烤，配上牛奶、煎蛋、火腿、蔬菜和水果即可。如果想要食物口感更丰富，可以适当抹一些果酱，这样食物酸酸甜甜，开胃又好吃。

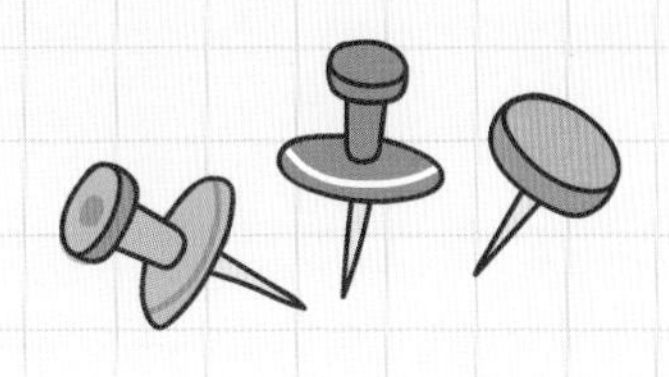

第2章

汤粥好暖胃，开启活力一天

早晨来一碗热汤或香甜的粥，可谓益处多多！汤能滋养身体，粥、米糊细腻，容易消化。做汤熬粥的时候，家长可以将食材按体积从大到小的顺序逐次添加。同时，可在汤粥中加一些温和养胃的食材，如燕麦、南瓜、山药等；也可以添加海鲜、菌菇、绿叶蔬菜等，让粥营养更全面，味道更丰富。

碳水化合物 蛋白质 维生素C

家常咸豆浆

食材	
黄豆	80克
紫菜	1把
油条	1根
榨菜	1汤匙
虾皮	适量
盐	适量
小葱	适量

早餐速配

前一晚准备好

❶黄豆洗净，放入杯中，倒入没过黄豆的清水，浸泡一夜（天热时放入冰箱冷藏室浸泡）。

❷油条剪成约1厘米宽的小段；小葱洗净，切碎；榨菜切碎。

早上直接做

❶黄豆连同浸泡的水一起倒入榨汁机，打成豆浆。

❷将过滤好的豆浆倒入锅中，放入盐、虾皮，大火煮沸后放入油条段、紫菜，关火后放入榨菜碎，撒葱花，搅匀。

小贴士

按照实际情况可以适量调整虾皮、榨菜和盐的用量，避免孩子摄入过多的盐。

碳水化合物 蛋白质

韩式南瓜羹

食材

南瓜	200克
糯米	15克
冰糖	适量

（本处只列出主要食材、调料和用量，实际操作时可根据家中备料、人口数和孩子口味调整。全书同）

早餐速配

营养鸡肉饼（第125页）

❶南瓜去皮，洗净，切块；糯米洗净。

❷将所有材料倒入豆浆机（或有加热功能的破壁机）中，加水至水位线，启动"米糊"模式。

❸待食材打成奶昔状，倒入杯中即可。

小贴士

使用的南瓜可按照孩子的喜好选择品种；冰糖不建议放太多，以免孩子摄入过多糖分。

菌菇鲜虾年糕汤

食材

基围虾	5只
年糕片	100克
魔芋丝	1把
蟹味菇	1把
毛豆	1把
鸡蛋	1个
玉子豆腐	1条
葱花	适量
盐	适量
白胡椒粉	适量

早餐速配

葡萄

❶基围虾去壳开背，去除虾线，洗净；魔芋丝泡水，洗净。

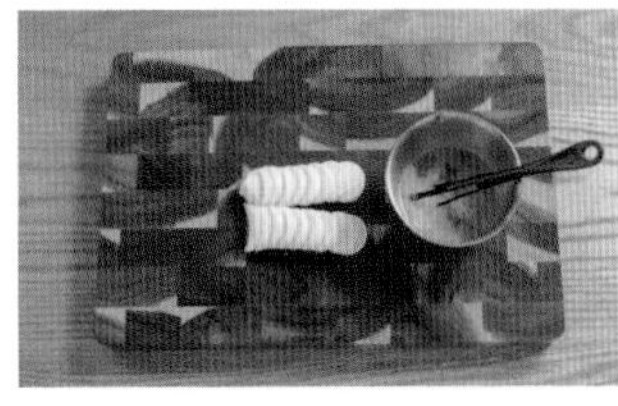

❷玉子豆腐切块；鸡蛋打散；蟹味菇去根，洗净；毛豆洗净。

❸锅内倒入适量水，煮沸后放入蟹味菇和毛豆，煮2分钟。

❹倒入年糕片，推散以免粘底，再加入魔芋丝，倒入鸡蛋液和玉子豆腐块，加盐和白胡椒粉。

❺放入虾仁，煮熟后撒上葱花（也可加香菜）即可。

碳水化合物 蛋白质 胡萝卜素

三鲜年糕汤

食材

猪肉丝	200克
年糕片	200克
小白菜	1棵
蒜苗	适量
胡萝卜	适量
淀粉	适量
料酒	适量
生抽	适量
盐	适量
植物油	适量

早餐速配

香蕉 + 煎蛋饼

❶猪肉丝放入碗中，加入料酒、生抽、淀粉，搅拌均匀，腌10分钟。

❷小白菜洗净，去根，切小段；胡萝卜洗净，去皮，切片；蒜苗洗净，切小段。

❸油锅烧热，放入一半蒜苗段爆香，放入胡萝卜片、猪肉丝，炒至猪肉丝半熟。

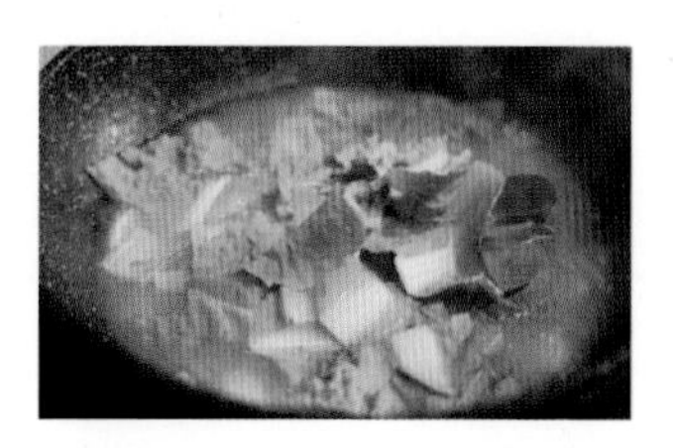

❹倒入2碗热水，煮沸后放入年糕片，加入盐，再次煮沸后放入小白菜段和剩下的蒜苗段，搅拌均匀即可。

小贴士

年糕可以煮得久一些，煮软后更便于孩子消化。也可以在放入白菜段后加些豆腐，豆腐含有的蛋白质、钙对孩子的骨骼发育有益，而且豆腐口感滑嫩，孩子喜欢吃。

碳水化合物 钾 B族维生素 膳食纤维

红豆年糕汤

食材

红豆	200克
日式年糕	2~4块
冰糖	适量

早餐速配

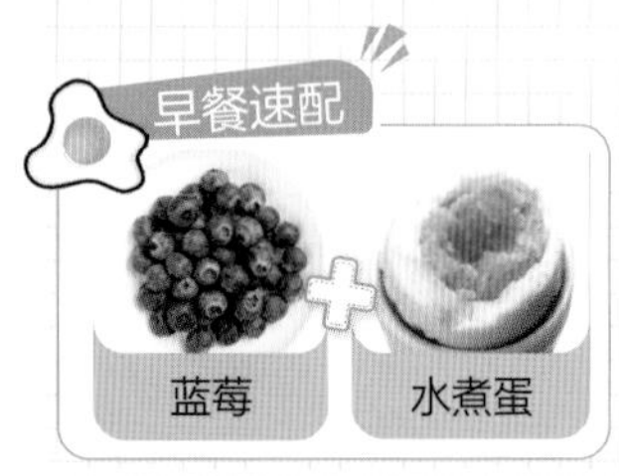

前一晚准备好

红豆洗净，放入锅中，倒入没过红豆的水，浸泡一夜（夏季可以放入冰箱冷藏）。

早上直接做

❶红豆放入锅中，加入适量水，中火煮至红豆绵软，盛出红豆汤凉凉。

❷烤箱预热200℃，放入年糕，烤4~6分钟，至年糕表面金黄。

❸将年糕放入红豆汤中，加入冰糖调味即可。

小贴士

红豆年糕汤口感香甜软糯，但不宜多吃，以免孩子出现腹胀、消化不良等情况。红豆可以前一晚煮好，早上更省时。也可将红豆、冰糖、适量水放入炖盅，用蒸炖锅炖煮至熟。

碳水化合物 蛋白质 碘

海带味噌汤

食材

海带结	200克
内酯豆腐	200克
味噌	适量
葱花	适量
盐	适量

❶内酯豆腐切小块；海带结洗净，沥干水。

❷锅中倒入适量水，煮沸后放入海带结和内酯豆腐块，大火再次煮沸。

❸转中火，锅中加入适量味噌，搅拌至化开，大火煮沸后加入盐调味。

❹撒上葱花点缀即可。

小贴士

海带结建议提前浸泡半小时左右，冲洗干净后沥干水，避免因未洗干净而影响口感。味噌含有盐分，因此做汤时盐不要放多，以免加重孩子肾脏负担。

碳水化合物 蛋白质 维生素C 番茄红素

番茄土豆浓汤

食材

牛肉	300克
胡萝卜	1根
土豆	2个
番茄	3个
盐	适量
番茄酱	适量
欧芹碎	适量
干香叶	适量
植物油	适量

早餐速配

❶牛肉洗净，沥干水，切小块；胡萝卜、土豆洗净，去皮，切块；番茄洗净，用刀轻划“十”字。

❷锅中加入适量水煮沸，放入番茄，焯烫约30秒，待表皮翻卷时捞出，撕去表皮，切片。

❸油锅烧热，倒入番茄片，翻炒出汁，放入番茄酱，炒匀；放入牛肉块，炒匀；加入土豆块、胡萝卜块和热水。

❹煮沸后转中小火，加入盐、干香叶，盖上锅盖，炖至牛肉块酥软后盛出，撒上欧芹碎即可。

小贴士

这道汤味道酸酸甜甜，可以打开孩子的食欲。土豆作为碳水化合物的优质来源，具有高饱腹感的同时升糖较慢，可让孩子上午不困，保持头脑清醒。

酸辣汤

碳水化合物 蛋白质 香菇多糖

食材

胡萝卜	1/2根
火腿肠	1根
金针菇	1把
豆腐干	1块
鲜黑木耳	1小把
鲜香菇	3朵
盐	1/2茶匙
淀粉	1茶匙
白砂糖	1/2茶匙
醋	1瓷勺
生抽	1瓷勺
香菜	适量
黑胡椒碎	适量

早餐速配

❶鲜黑木耳洗净，切丝；鲜香菇洗净，去蒂，切片；豆腐干切片；金针菇洗净，去根，掰开。

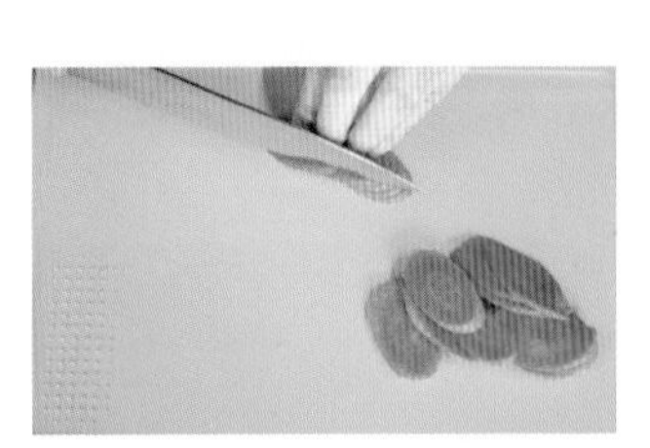

❷胡萝卜洗净，去皮，切丝；火腿肠切小段；香菜洗净，沥干水，切碎。

❸淀粉加水搅匀成水淀粉；锅中倒入适量水，煮沸，放入黑木耳丝、鲜香菇片、金针菇、豆腐干片、胡萝卜丝。

❹中火煮1分钟，加入白砂糖、盐、生抽、醋；放入火腿肠段，倒入水淀粉、黑胡椒碎，撒上香菜碎即可。

小贴士

酸辣汤的食材种类可根据孩子的喜好适当调整，醋可少量多次添加，添加的过程中让孩子品尝，直至满意即可。

碳水化合物 胡萝卜素 维生素C 膳食纤维

南瓜小米粥

食材

黄小米	30克
南瓜	150克

早餐速配

秋葵炒鸡蛋 + 橙子

❶黄小米洗净；南瓜洗净，去皮，切丁。

❷将黄小米放入锅中，加入适量水，中火熬煮。

❸待粥熬至浓稠，倒入适量水、南瓜丁，再煮5分钟即可。

小贴士

黄小米加水浸泡后沥干水，放入冰箱里冷冻，第二天沸水下锅，能快速煮开花，节省不少时间。南瓜可选择贝贝南瓜，它口感清甜软糯，孩子更易接受。

碳水化合物　B族维生素　膳食纤维

燕麦藜麦粥

食材

米饭	200克
藜麦	15克
即食燕麦	30克
枸杞	适量

早餐速配

酱牛肉夹馍（第132页） + 青提

❶藜麦洗净；米饭倒入锅中，加入适量水，搅拌均匀。

❷大火煮沸后转中火，倒入洗净的藜麦，搅拌均匀。

❸煮至藜麦开花，倒入即食燕麦，搅拌均匀。

❹关火闷2分钟，撒上枸杞即可。

小贴士

即食燕麦易熟，煮熟后口感绵软，建议粥快煮好时再放。藜麦在煮制前用冷水浸泡10~15分钟，可去除表面皂苷，对孩子健康有益。

碳水化合物 钾 膳食纤维

香蕉燕麦粥

食材

即食燕麦片	60克
草莓	2~4个
蓝莓	30克
香蕉	1根
牛奶	200克

早餐速配

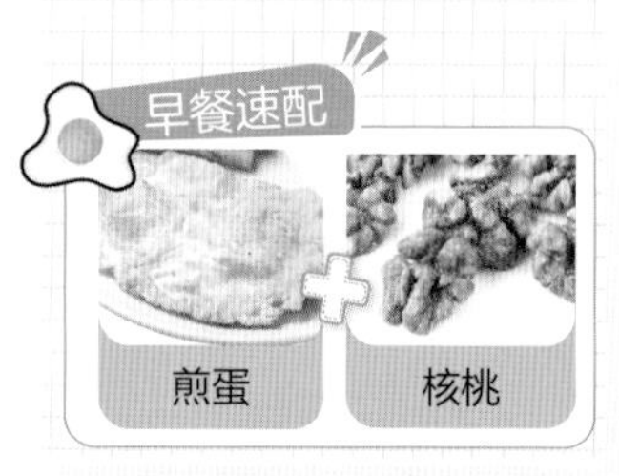

❶即食燕麦片倒入碗中；草莓洗净，去蒂，切块；蓝莓洗净；香蕉去皮，切片。

❷锅内加适量水，煮沸，倒入即食燕麦片，煮软。

❸加入牛奶，搅匀，煮至黏稠。

❹盛出后放上草莓块、蓝莓、香蕉片即可。

小贴士

冬天孩子不愿吃冷的水果，家长不防试试这样做，把水果放入暖暖的燕麦粥里，营养丰富，口感也更好。

碳水化合物 蛋白质 铁

菜心牛肉粥

食材

食材	用量
米饭	200克
菜心	150克
牛肉	100克
生抽	1茶匙
淀粉	1茶匙
盐	1/2茶匙
芝麻油	适量
熟黑芝麻	适量
姜	适量
植物油	1茶匙

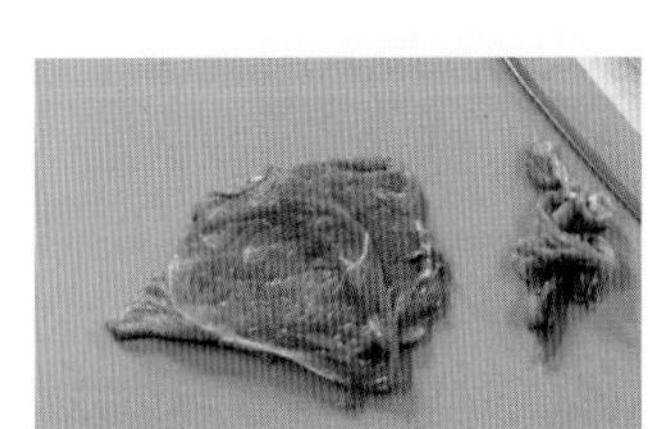

❶姜洗净，切丝；牛肉洗净，切丝，放入碗中，加入姜丝、生抽、淀粉、植物油，翻拌均匀，腌10分钟；菜心洗净，切碎。

❷米饭倒入锅中，加入适量水，煮至黏稠后加入菜心碎、盐，搅拌均匀。

❸倒入腌好的牛肉丝，搅拌均匀，煮至肉熟。

❹关火，淋上芝麻油，撒上熟黑芝麻即可。

小贴士

切牛肉时，从与牛肉纹理垂直的方向切，这样能切断更多纤维，孩子吃的时候更易咬断、嚼烂。

碳水化合物 蛋白质 维生素C 膳食纤维

芹菜牛肉滑菇粥

一碗粥，有菜又有肉，颜色丰富，香咸适口，让孩子的胃暖暖的。

早餐速配

苹果

核桃仁

食材

牛肉	100克
大米	120克
虫草花	1把
芹菜	1根
鲜香菇	2朵
盐	1茶匙
淀粉	1/2瓷勺
姜丝	适量
枸杞	适量
植物油	适量

前一晚准备好

大米洗净，放入电饭煲，加入适量水。根据自家情况设置预约煮饭时间，待次日早晨直接盛出米饭备用。

早上直接做

❶鲜香菇洗净，去蒂，切丁；芹菜洗净，去根，切碎；虫草花、枸杞洗净。

❷牛肉洗净，切片，放入碗中，加入植物油、淀粉、盐、姜丝，搅拌均匀。

❸锅内放入米饭和水，大火煮沸后转中小火，其间加1次或2次水，搅拌至黏稠。

❹放入鲜香菇丁、盐，搅拌均匀，煮1分钟至沸腾，逐片放入牛肉，煮约10秒。

❺放入虫草花、芹菜碎，搅拌均匀，煮1分钟后关火盛出，点缀上枸杞即可。

小贴士

牛肉建议选用牛里脊，牛里脊肉质细嫩且脂肪含量低。可根据所切牛肉颗粒的大小调整制作时间，避免肉质过老影响口感。

香菇番茄牛肉粥

食材

牛肉糜	200克
米饭	200克
番茄	1个
干香菇	2朵或3朵
芹菜丁	适量
盐	适量

早餐速配

草莓

❶干香菇提前泡发，切片；番茄洗净，切小块。

❷米饭放入砂锅中，加水煮沸；粥煮至黏稠后放入番茄块、香菇片，再次煮沸后放入牛肉糜，加盐调味。

❸盛出后撒上芹菜丁，拌匀即可。

小贴士

粥底可以直接用生米熬煮，如需节省时间，可用熟米饭或隔夜饭代替。

碳水化合物 蛋白质 钙 磷 硒

生滚鱼片粥

食材

大米	80克
黑鱼片	200克
油条	1/2根
淀粉	1瓷勺
料酒	2瓷勺
熟花生仁	适量
熟黑芝麻	适量
葱花	适量
葱段	适量
姜丝	适量
芝麻油	适量
盐	适量

早餐速配

茶叶蛋 + 樱桃

前一晚准备好

❶大米洗净，放入锅中，加入适量水，大火煮沸。

❷转中小火，其间加入1次或2次水，用勺子搅拌以免粘底；煮至米粒开花、粥底黏稠，凉凉后放入冰箱冷藏。

早上直接做

❶黑鱼片放入碗中，加入盐、料酒、姜丝、葱段、淀粉，抓拌均匀，盖上保鲜膜，腌10分钟；油条剪成段。

❷将煮好的粥倒入锅中，加入芝麻油，大火煮沸后转中火，逐片放入黑鱼片，轻轻推散，煮约10秒关火。

❸粥中放入油条段、葱花、姜丝，淋上芝麻油即可。可根据孩子喜好，加入熟黑芝麻和熟花生仁。

虫草花鸡肉粥

一碗黄澄澄的虫草花鸡肉粥，好像带着朝阳的温暖色泽，给孩子满满的能量。

早餐速配

蚝油生菜

梨

食材

去骨鸡腿肉	300克
虫草花	1把
大米	120克
盐	适量
料酒	适量
枸杞	适量

前一晚准备好

大米洗净，放入电饭煲，加入适量水。根据自家情况预约煮饭时间，待次日早晨直接盛出米饭备用。

早上直接做

❶鸡腿肉洗净，切丁，放入碗中，加入盐、料酒，腌10分钟；虫草花、枸杞洗净。

❷米饭倒入锅中，加入适量水，大火煮沸后转中火，熬成粥底，加入鸡肉丁，推散。

❸煮沸后加入盐，待鸡肉九成熟时，放入虫草花。

❹放入枸杞，关火，盖上锅盖，闷1分钟盛出即可。

小贴士

用去骨鸡腿肉切丁，能大大缩短炖煮时间，让孩子在匆忙的早晨也能享受美味。若时间充足，则可以直接炖煮切好的鲜鸡肉块。

碳水化合物 蛋白质 维生素C 铁

菠菜猪肝粥

扫一扫 跟着做

猪肝含有丰富的铁元素，菠菜中的维生素C可以促进铁的吸收。这碗粥可以让孩子气血更足。

食材

猪肝	1块
菠菜	1把
大米	120克
熟花生仁	适量
盐	1茶匙
淀粉	1瓷勺
生抽	1瓷勺
料酒	2瓷勺
芝麻油	适量
葱段	适量
姜丝	适量

前一晚准备好

大米洗净，放入锅中，倒入适量水，大火煮沸；转中小火，其间加入1次或2次水，用勺子搅拌以免粘底；煮至米粒开花、粥底黏稠，关火凉凉后放入冰箱冷藏。

早上直接做

❶菠菜洗净，切小段。

❷猪肝洗净，切成薄片，放入碗中，加入葱段、姜丝、生抽、料酒、淀粉，搅拌均匀，盖上保鲜膜，腌10分钟。

❸将煮好的粥倒入锅中，中火煮沸，放入腌好的猪肝片，轻轻推散，

❹加盐、菠菜段，搅拌均匀。

❺关火盛出，撒上熟花生仁，淋上芝麻油即可。

小贴士

用砂锅煮粥，能让米粒均匀受热，保温效果更好，粥更加黏稠有滋味。电饭锅预约煮粥底省心省力，早上起来可以直接用。

第3章

花样米面，能量满分

米饭和面条含有丰富的碳水化合物，能给孩子提供持久的饱腹感和能量，有助于提高孩子大脑思维的活跃度。把米饭做成寿司卷和饭团，加入各种蔬菜和肉类，营养均衡；炒饭时米粒在锅里“翩翩起舞”，再搭配时蔬，孩子昏昏沉沉的大脑被香喷喷的味道唤醒，开启充满活力的一天；无论是热汤面、炒面，还是拌面，都“锅气”十足，让孩子吃得满足。

碳水化合物 蛋白质 B族维生素

海苔肉松三角饭团

食材	
大米	120克
海苔	5片
芝麻海苔碎	适量
肉松	适量
沙拉酱	适量

早餐速配

前一晚准备好

大米洗净，放入电饭煲，加入适量水。根据自家情况设置预约煮饭时间，待次日早晨直接盛出米饭备用。

早上直接做

❶米饭中倒入芝麻海苔碎、肉松，搅拌均匀。

❷将拌好的米饭装入模具，压实。

❸脱模后在饭团外卷上海苔片，吃之前淋上孩子喜欢的沙拉酱即可。

小贴士

没有三角饭团模具也无妨，可以和孩子一起将饭团捏成自己喜欢的形状。除了海苔肉松，还可以放入日式梅子、鱼肉、蔬菜等食材，让饭团味道更丰富。

碳水化合物 蛋白质 维生素C

紫米饭卷

食材

糯米	50克
紫米	50克
生菜叶	2片
海苔	1片
台式香肠条	2条
黄瓜丝	适量
腌萝卜条	适量

早餐速配

前一晚准备好

糯米、紫米洗净，放入电饭煲，加入适量水。根据自家情况设置预约煮饭时间，待次日早晨直接盛出米饭备用。

早上直接做

❶寿司席上铺保鲜膜，放上米饭并用勺子铺平。

❷米饭上摆1片海苔，依次摆上生菜叶、黄瓜丝、腌萝卜条、台式香肠条。

❸将寿司席慢慢卷起，并用力卷紧。

❹撤掉寿司席，将两头的保鲜膜收紧，从中间切开即可。

碳水化合物 蛋白质 胡萝卜素

紫菜包饭

微脆的紫菜配上清甜的米饭，再辅以其他食材，层次丰富，口感多样，让孩子食欲大开。

早餐速配

豆浆 + 香蕉

食材

大米	120克
胡萝卜	1根
火腿肠	1根
海苔	1片
腌萝卜条	适量
生菜叶	2片
芝麻油	适量
熟白芝麻	适量
盐	适量
植物油	适量

前一晚准备好

大米洗净，放入电饭煲，加入适量水。根据自家情况设置预约煮饭时间，待次日早晨直接盛出米饭备用。

早上直接做

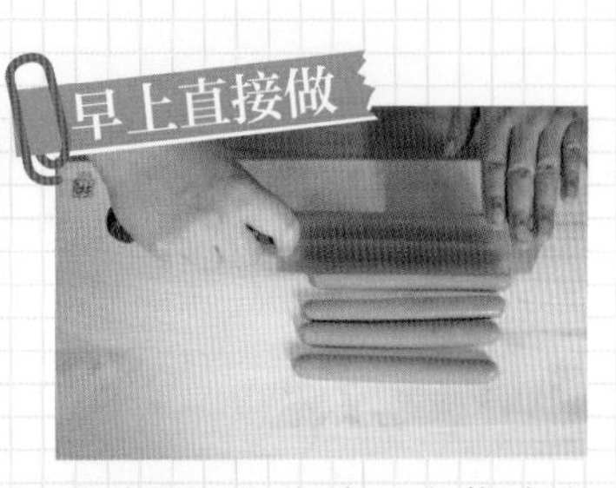

❶火腿肠切长条；生菜叶洗净，用厨房纸吸去表面水；胡萝卜洗净，去皮，擦丝。

❷盛出煮好的米饭，加入芝麻油、熟白芝麻、盐，搅拌均匀，盖上保鲜膜保湿。

❸油锅烧热，放入胡萝卜丝，翻炒至变软。

❹寿司席上铺1片海苔，铺上拌好的米饭，再依次铺上生菜叶、腌萝卜条、胡萝卜丝、火腿肠条。

❺将寿司席慢慢卷起，用力卷紧后，撤掉寿司席。

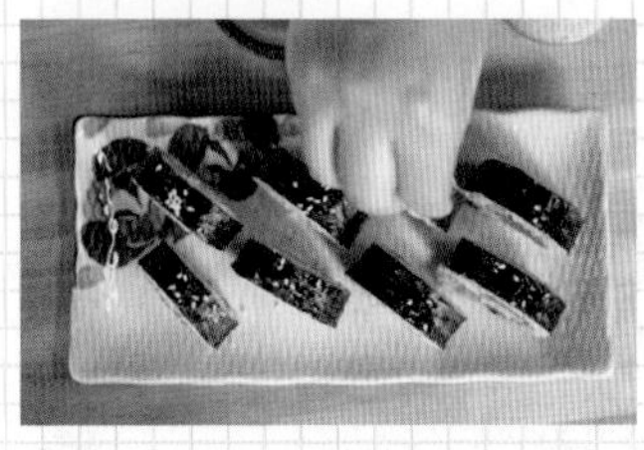

❻紫菜包饭表面刷芝麻油，撒上熟白芝麻，切块即可。

小贴士

做紫菜包饭不必太过追求精致感，可以不切片，让孩子直接拿在手里吃。食材也可以根据孩子的喜好选择，孩子喜欢吃什么就放什么。

碳水化合物 蛋白质 膳食纤维

海苔杂粮饭团

食材

食材	用量
杂粮米饭	200克
玉米粒	50克
黄瓜	1/2根
午餐肉	2片
美乃滋酱	适量
熟白芝麻	适量
海苔碎	适量
芝麻油	适量

早餐速配

苹果胡萝卜汁（第163页）

❶玉米粒焯水至熟后捞出；黄瓜洗净，去皮，切丁；午餐肉切丁。

❷平底锅内无须放油，直接倒入午餐肉丁，炒出焦香味后盛出。

❸碗中放入所有食材，淋上芝麻油，撒上海苔碎和熟白芝麻，挤上美乃滋酱，搅拌拌匀。

❹将混合米饭揉紧压实成饭团，在饭团表面撒一些海苔碎点缀即可。

小贴士

如果使用的食材量比较大，不好翻拌，可以戴上食品手套，抓拌均匀。

碳水化合物 蛋白质 膳食纤维

鱼丸蛋饺泡饭

食材

米饭	200克
小青菜	1棵
鲜香菇	1朵
胡萝卜	1/2根
鱼丸	4颗
蛋饺	3只
葱花	适量
盐	适量
芝麻油	适量

早餐速配

核桃仁

❶小青菜洗净，切段；鲜香菇洗净，去蒂，切片；胡萝卜洗净，切丝。

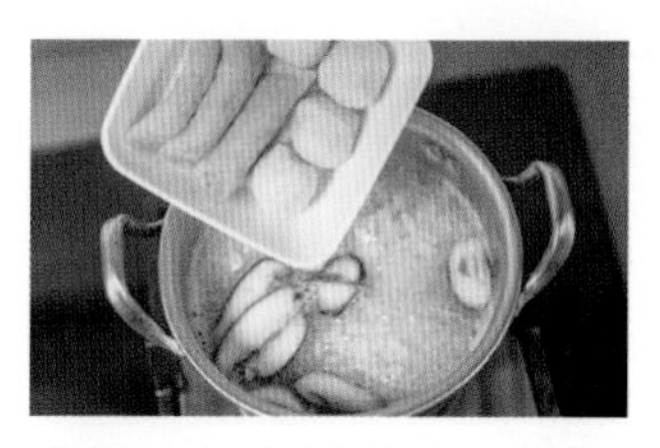

❷锅中加入适量水，煮沸，放入米饭，煮沸后依次放入香菇片、胡萝卜丝、鱼丸、蛋饺。

❸加入盐，煮至米粒变软膨胀后放入小青菜段，搅匀。

❹盛出后淋上芝麻油，也可撒上葱花点缀。

小贴士

家长如果觉得市售鱼丸和蛋饺添加剂过多、食材不新鲜，可以自己制作，多做一些放入冰箱冷冻保存，孩子吃得开心，家长也放心。

家常菜泡饭

食材

猪肉丝	100克
大米	50克
鸡蛋	1个
鲜香菇	2朵
小青菜	1把
葱花	适量
料酒	1瓷勺
盐	1/2茶匙
淀粉	1茶匙
生抽	1茶匙
芝麻油	1茶匙

早餐速配

蓝莓

前一晚准备好

大米洗净，放入电饭煲，按下预约煮饭键，待次日早晨直接盛出米饭备用。

早上直接做

❶鲜香菇洗净，切片；小青菜洗净，去根，切碎。

❷猪肉丝放入碗中，加入淀粉、料酒、生抽，搅拌均匀备用。

❸米饭盛入锅中，倒入适量水，煮至沸腾，放入鲜香菇片、猪肉丝，划散。

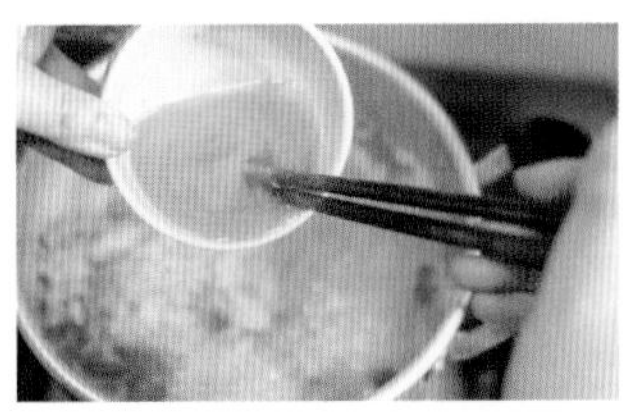

❹放入青菜段，鸡蛋打散倒入锅中，加入盐，盛出后撒上葱花，淋上芝麻油即可。

碳水化合物 蛋白质 B族维生素 膳食纤维

什锦盖浇饭

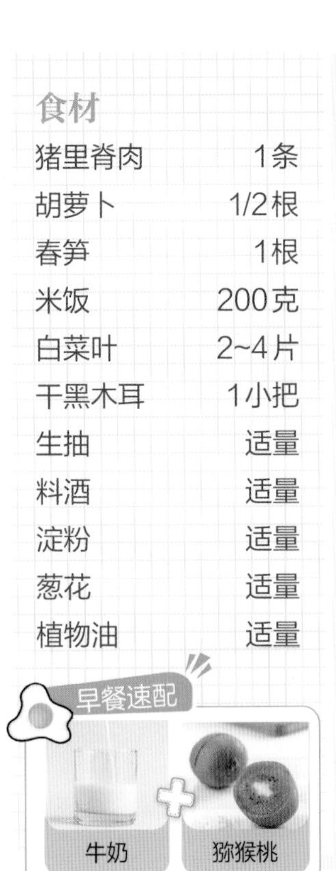

食材

猪里脊肉	1条
胡萝卜	1/2根
春笋	1根
米饭	200克
白菜叶	2~4片
干黑木耳	1小把
生抽	适量
料酒	适量
淀粉	适量
葱花	适量
植物油	适量

❶猪里脊肉切薄片，放入碗中，加入生抽、料酒、淀粉，翻拌均匀，腌5分钟；将淀粉和水混合成水淀粉。

❷干黑木耳用温水泡发，洗净；白菜叶洗净，切条；胡萝卜和春笋洗净，去皮，切片。

❸油锅烧热，放入猪里脊肉片，翻炒至五成熟，加入所有蔬菜，炒匀，倒入水，盖上锅盖，焖煮5分钟。

❹加入水淀粉、生抽，翻炒均匀成什锦浇头；将什锦浇头淋在提前热好的米饭上，撒上葱花即可。

小贴士

猪里脊肉口感滑嫩，特别适合孩子吃。白菜可以根据季节，换成时令蔬菜，营养又美味。

碳水化合物　蛋白质

腊味焖饭

扫一扫 跟着做

食材	
大米	50克
糯米	50克
广式腊肉	1块
毛豆	1碗
腊肠	1根
鲜香菇	4朵
植物油	适量

早餐速配

水蒸蛋 + 苹果

❶毛豆洗净；鲜香菇洗净，去蒂，切丁；腊肠切片；广式腊肉切丁；大米、糯米洗净，沥干水。

❷油锅烧热，放入腊肠片、腊肉丁煸炒，再倒入毛豆、香菇丁、大米、糯米，继续中大火翻炒2分钟。

❸将所有食材倒入电饭煲中，加入适量水，设置预约煮饭时间。

❹盛出煮好的米饭，翻拌均匀即可。

小贴士

腊肉是腌制品，因此做这道焖饭时可以少加盐甚至不加盐，避免孩子摄入过多钠，有损健康。

碳水化合物 蛋白质 锌

小鱼干炒饭

食材

丁香鱼干	适量
胡萝卜	1根
米饭	200克
鸡蛋	2个
西蓝花	180克
盐	适量
熟黑芝麻	适量
植物油	适量

早餐速配

❶胡萝卜洗净，去皮，切块后打碎。

❷西蓝花洗净，去根，掰小朵；鸡蛋打散。

❸油锅烧热，倒入西蓝花、胡萝卜碎翻炒片刻，将菜拨到一边，倒入蛋液，至蛋液稍凝固后倒入米饭。

❹翻炒均匀后加入盐，再次炒匀，放上小鱼干，可按孩子的喜好撒熟黑芝麻。

小贴士

胡萝卜和西蓝花都是不易炒熟的蔬菜，翻炒时可根据火候或个人口感适当调整，比如喜欢吃软一点的蔬菜，就略微多炒一会儿，但是要防止炒糊。

碳水化合物 蛋白质

葱多多炒饭

食材

米饭	200克
小葱	1把
鸡蛋	2个
午餐肉	2片
盐	适量
植物油	适量

早餐速配

❶ 鸡蛋打散；午餐肉切丁；小葱洗净，切小段。

❷ 油锅烧热，倒入蛋液，轻轻滑炒，倒入米饭炒至松散。

❸ 倒入午餐肉丁，翻炒均匀。

❹ 加小葱段和盐翻炒均匀即可。

小贴士

这道炒饭制作简单、营养丰富，可根据孩子的喜好，适量添加其他配菜。

生炒糯米饭

食材

糯米	200克
干香菇	8~10朵
腊肠	1根
腊肉	1块
洋葱	1/2个
生抽	适量
老抽	适量
料酒	适量
植物油	适量

早餐速配

前一晚准备好

干香菇提前泡发；糯米洗净，放入碗中，倒入适量水，浸泡至少2小时。

早上直接做

❶腊肠切片；腊肉切丁；洋葱洗净，去皮，切丁；香菇剪成条；泡好的糯米沥干水，再加水浸没。

❷油锅烧热，放入腊肠片、腊肉丁，翻炒出香味，放入香菇片、洋葱丁，翻炒均匀。

❸糯米连水一起倒入锅中，翻炒均匀后转中小火，加入老抽、料酒、生抽、水，炒至糯米黏稠。

❹继续加水并不停翻炒，直至糯米全熟；盖上锅盖，转小火焖1分钟，关火再闷1~3分钟即可。

碳水化合物 蛋白质 维生素C

无油鸡肉饭

扫一扫 跟着做

早上想让孩子吃点儿肉，又不想吃得太油腻，家长可以给孩子做这道无油鸡肉饭，与市售预制鸡肉饭相比，它既新鲜又好吃。

早餐速配

玉米南瓜汁（第161页）+ 水蜜桃

食材

面粉	100克
米饭	200克
面包糠	200克
鸡腿	150克
卷心菜	1/2棵
鸡蛋	2个
盐	适量
白砂糖	适量
生抽	适量
料酒	适量
熟黑芝麻	适量
胡椒碎	适量
沙拉酱	适量

❶卷心菜洗净，用厨房纸擦干水，切丝。

❷鸡腿洗净，去除骨头，切块，放入碗中，加入盐、白砂糖、料酒、生抽、胡椒碎，打入1个鸡蛋，抓匀，腌5分钟。

❸另一个鸡蛋打散，腌好的鸡肉先裹上一层面粉，再裹上一层蛋液，最后裹上一层面包糠。

❹烤箱预热185℃，在中层放入裹好面衣的鸡腿肉，烤30分钟。

❺米饭加热后盛入碗中，放上鸡肉块、卷心菜丝，撒上熟黑芝麻，淋上沙拉酱即可。

小贴士

用作配菜的卷心菜也可搭配沙拉酱单独享用，如果孩子不习惯吃生的卷心菜，可将其焯熟后再食用。

碳水化合物 蛋白质 B族维生素 膳食纤维

菠菜肉丝炒年糕

食材

年糕	300克
猪肉丝	100克
菠菜	一把
料酒	适量
淀粉	适量
生抽	适量
盐	适量
植物油	适量

早餐速配

黑芝麻核桃露（第162页）

❶菠菜洗净，切段。

❷猪肉丝放入碗中，加入料酒、淀粉、生抽拌匀，腌10分钟。

❸油锅烧热，将猪肉丝炒至八成熟，放入菠菜和年糕，翻炒均匀。

❹炒至年糕变软熟透，加盐调味后盛出即可。

小贴士

可提前将年糕炒至微微焦黄，口感会更佳。

潮汕粿条汤

碳水化合物 蛋白质

食材	
嫩牛肉	100克
鲜粿条	300克
潮汕肉卷章	3片
牛肉丸	3粒
生菜叶	3片
香菜末	适量
葱花	适量
姜丝	适量
盐	适量

❶锅中加水，煮沸后放入牛肉丸、潮汕肉卷章、姜丝。

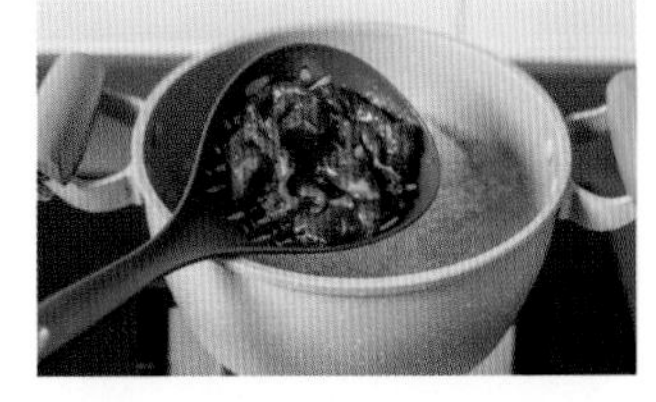

❷再次煮沸时放入嫩牛肉，划散，待6秒或7秒后变色捞出。

❸放入粿条，撇去浮沫，煮沸后加盐调味，放入生菜叶。

❹食材全熟后捞起装入碗中，摆上嫩牛肉，浇上热汤，最后撒上葱花和香菜末即可。

小贴士

鲜粿条易熟，稍煮片刻即可。粿条放入锅中后，要时刻观察锅中的情况，以免煮烂。

碳水化合物 蛋白质 维生素C 番茄红素

番茄鸡蛋面鱼

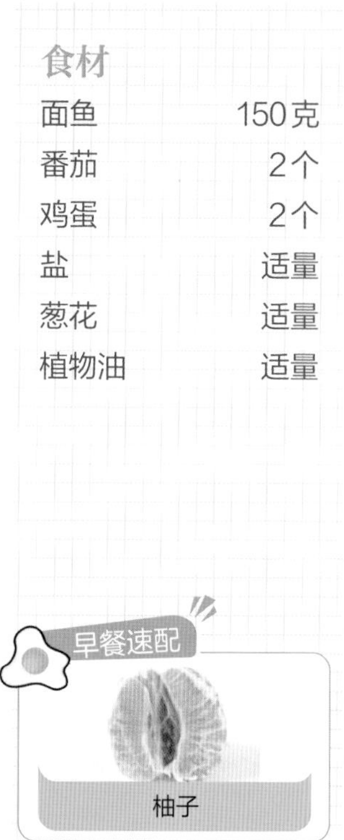

食材

食材	用量
面鱼	150克
番茄	2个
鸡蛋	2个
盐	适量
葱花	适量
植物油	适量

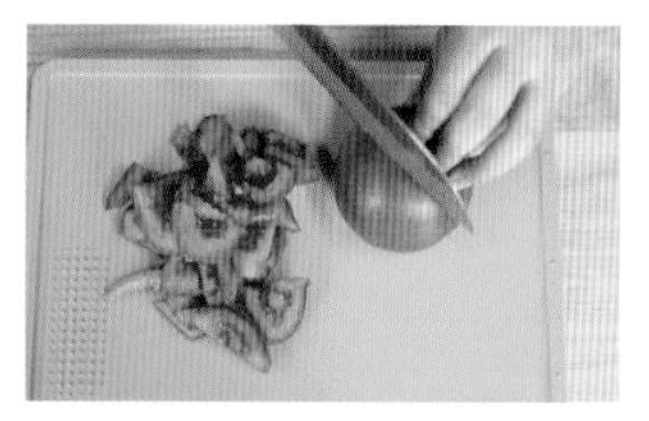

❶番茄洗净，去蒂，切小块；鸡蛋打散。

❷油锅烧热，倒入蛋液，翻炒至半凝固放入番茄块，炒至番茄块出汁，倒入适量水，盖上锅盖，中火煮沸。

❸倒入面鱼，搅拌均匀；待面鱼煮熟，加入盐调味。

❹盛出撒上葱花即可。

小贴士

家长也可以用彩色杂粮面做这道早餐，食材五颜六色，孩子更有食欲。

鸡汤面

碳水化合物 蛋白质

食材

面条	150克
土鸡	半只
小青菜	2棵
鲜香菇	4朵
盐	适量

早餐速配

前一晚准备好

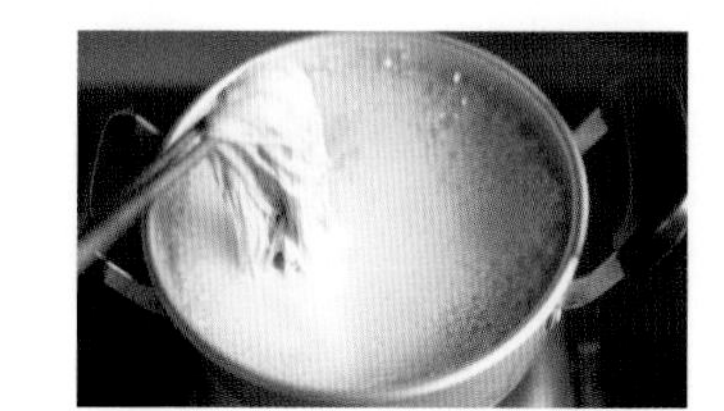

土鸡处理干净后放入锅中，倒入适量水，加盐，中小火熬煮1~2小时，盛出凉凉，冷藏备用。

早上直接做

❶鲜香菇洗净，去蒂，顶部切“十”字；小青菜洗净，去根。

❷锅中倒入适量水，加盐煮沸，放入面条，煮熟后捞出，放入碗中，锅中放入小青菜、鲜香菇焯熟。

❸鸡汤加热后盛入放面条的碗内，放入焯熟的香菇、小青菜即可。

小贴士

家常面条可搭配卤牛肉片等食用，卤菜可以提前做好放入冰箱冷藏。如果早上时间充裕，可以再搭配一个荷包蛋，营养又美味。

碳水化合物 蛋白质 膳食纤维

菌菇米线

食材

米线	200克
什锦菌菇	150克
葱丝	适量
姜片	适量
盐	适量
植物油	适量

早餐速配

❶什锦菌菇洗净，切开；油锅烧热，爆香姜片。

❷倒入什锦菌菇，翻炒至变软后加入适量水，煮沸后加入盐，翻炒均匀，盖上锅盖，小火焖2分钟关火。

❸另取一锅，倒入适量水，煮沸，放入米线。

❹米线煮熟后盛出，盖上什锦菌菇浇头，点缀上葱丝即可。

小贴士

米线可以选购超市有售的半成品熟米线，煮前无须泡发，方便快捷。什锦菌菇的食材种类可以根据孩子的口味来选择。

番茄浓汤鸡蛋面

碳水化合物 蛋白质

食材

食材	用量
番茄	1个
鸡蛋	1个
午餐肉	2片
儿童即食面饼	1块
虾滑	150克
盐	适量
葱花	适量
香菜	适量
熟白芝麻	适量
植物油	适量

早餐速配

舒润山药饮（第160页）

❶番茄洗净，切块；虾滑用勺子团成球状。

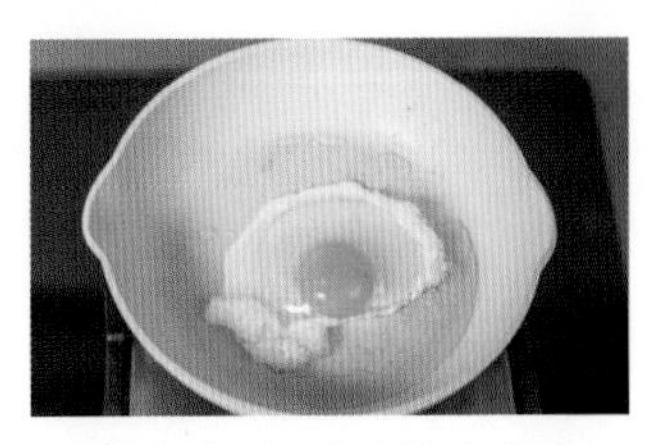

❷将午餐肉两面煎出焦色；油锅烧热，煎一个荷包蛋。

❸另取油锅烧热，倒入番茄块，翻炒出汁后倒入适量水。

❹水沸后，放入面饼、虾滑球和盐，煮熟后盛入碗中，放午餐肉和荷包蛋，点缀上葱花、香菜、熟白芝麻即可。

小贴士

儿童即食面饼也可用其他面代替。如果想要汤底更浓郁，可以在第3步加入1瓷勺番茄酱，酸酸甜甜很开胃。

荷包蛋汤面

扫一扫 跟着做

这碗面“外貌”朴素，营养却很丰富，碳水化合物、蛋白质、膳食纤维、维生素应有尽有，而且制作也很快捷。

早餐速配

桃子

食材

面条	150克
鸡蛋	2个
小青菜	4棵
盐	适量
葱花	适量
植物油	适量

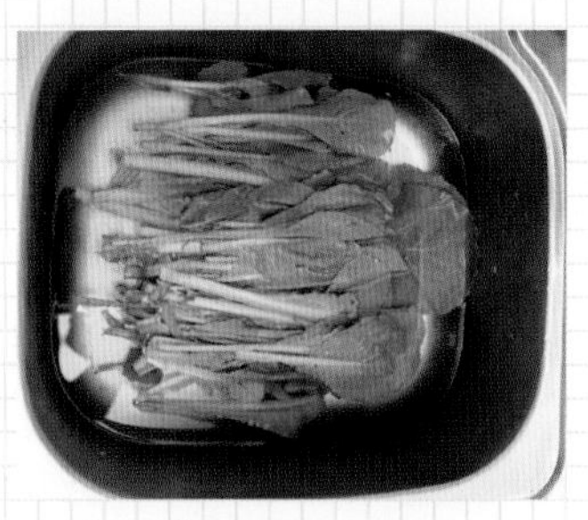

❶小青菜洗净，沥干水。

❷油锅烧热，打入鸡蛋，煎至两面金黄。

❸煎好的荷包蛋无须取出，锅中倒入适量热水，煮沸。

❹待锅内的水煮至微微泛白，加入盐，放入小青菜，烫熟后关火。

❺另取一锅，倒入适量水，煮沸，放入面条，煮熟后捞出，沥干水。

❻将面条盛入碗中，倒入荷包蛋汤，放入荷包蛋、小青菜，撒上葱花即可。

小贴士

简单又美味的荷包蛋汤面是快捷早餐的不错选择之一。用煎好的荷包蛋熬出香浓的汤，汤底微微发白，味道会比家常素面更浓郁。

碳水化合物 蛋白质 钙

麻酱时蔬荞麦面

芝麻酱含钙量很高，正处于快速成长阶段的孩子活动强度大，需要适时补钙，隔三岔五来一碗麻酱时蔬荞麦面，爽口又补钙。

早餐速配

牛奶 + 橙子

食材

荞麦面	200克
胡萝卜	1/2根
黄瓜	1/2根
芝麻酱	1汤匙
白砂糖	1/2茶匙
味噌	1瓷勺
生抽	1瓷勺
白芝麻	适量
线椒	适量

❶胡萝卜洗净，去皮，擦丝。

❷黄瓜洗净，擦丝；线椒洗净，切圈。

❸将白砂糖、味噌、芝麻酱、生抽、水依次倒入碗中，搅拌均匀即成麻酱料。

❹荞麦面放入沸水锅中，焯烫片刻，捞出过冰水后沥干水。

❺平底锅大火烧热，转中小火，倒入白芝麻，翻炒至有香味、有油脂析出后关火。（其间要不停地翻炒，防止炒焦）

❻将荞麦面装入碗中，加入麻酱料，放上胡萝卜丝、黄瓜丝、熟白芝麻和线椒圈即可。

小贴士

线椒对于一些孩子来说口味过辣，家长在制作时可用青椒或彩椒代替，补充维生素C的同时口感更好。

碳水化合物　蛋白质　维生素C

鱼饼炒乌冬面

食材

乌冬面	200克
卷心菜	1/2棵
洋葱	1/2个
鱼饼	1片
胡萝卜	1/2根
水煮蛋	1个
大葱	1段
盐	1/2茶匙
生抽	1瓷勺
老抽	1茶匙
蚝油	1瓷勺
熟白芝麻	适量
芝麻油	适量
植物油	适量

❶洋葱去皮，洗净，切条。

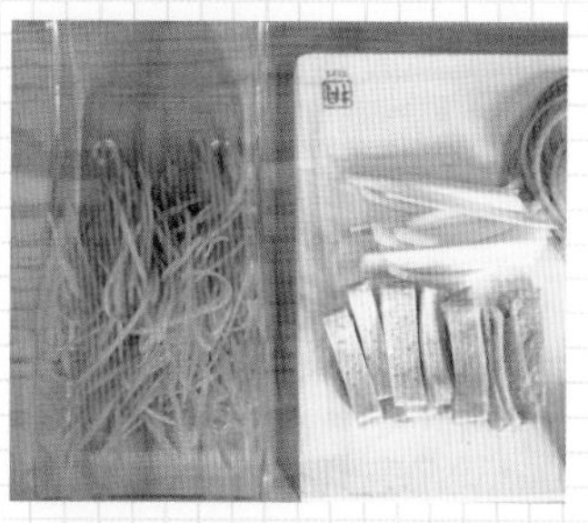

❷鱼饼切段；大葱洗净，切丝；卷心菜洗净，切丝；胡萝卜洗净，去皮，擦丝。

❸锅中倒入适量水，煮沸，放入乌冬面，煮熟后捞出过冷水。

❹油锅烧热，爆香大葱丝、洋葱条，倒入胡萝卜丝、卷心菜丝、鱼饼段，翻炒均匀。

❺加入盐、蚝油、生抽、老抽调味，继续翻炒。

❻乌冬面捞出沥干水，倒入锅中，翻炒均匀，加入芝麻油，再加入熟白芝麻，盛出放上水煮蛋即可。

小贴士

这道面条适合夏天当早餐。乌冬面过冷水可以去掉表面黏性物质，入口爽滑筋道，孩子吃起来有滋有味，清爽不油腻。

碳水化合物 蛋白质

豆干榨菜肉丝面

筋道的面条搭配咸香爽脆的榨菜，一碗“宝塔”一样的肉丝面，让孩子身体集聚满满能量。

早餐速配

圣女果

食材

面条	200克
猪肉丝	100克
豆腐干	4块
榨菜丝	2包
芝麻油	1/2茶匙
淀粉	1茶匙
料酒	1瓷勺
生抽	适量
葱花	适量
熟黑芝麻	适量
植物油	适量

前一晚准备好

❶猪肉丝放入碗中，加入淀粉、生抽、料酒，搅拌均匀。

❷豆腐干切条备用。

❸油锅烧热，倒入猪肉丝，翻炒至半熟，倒入豆腐干条，翻炒均匀。

❹倒入榨菜丝、水，翻炒均匀，即成浇头。

早上直接做

❶锅中倒入适量水，煮沸，放入面条，煮熟后捞出沥干水。

❷碗中放入生抽、葱花、芝麻油、热水，搅拌均匀，放入面条；将前一晚准备好的浇头加热，加在面条上，撒上熟黑芝麻即可。

小贴士

豆腐干榨菜肉丝可以提前一晚做好并冷藏，次日早上吃时加热即可，配饭、配面都很美味。

什锦豚骨拉面

浓郁的汤底、爽滑的面条、清爽的蔬菜，再配上溏心蛋，给孩子晨间满满的爱与惊喜。

早餐速配

草莓 + 溏心蛋

食材

拉面	150克
猪里脊肉	100克
胡萝卜	1/2根
干黑木耳	1把
春笋	1根
卷心菜	50克
娃娃菜	50克
日式猪骨汤料	1包
淀粉	适量
生抽	适量
料酒	适量
熟白芝麻	适量
植物油	适量

❶猪里脊肉洗净，切片，放入碗中，加入料酒、生抽、淀粉翻拌均匀，腌5分钟。

❷卷心菜洗净，切条；干黑木耳提前用水泡发；娃娃菜洗净，切条；胡萝卜洗净，去皮，切片；春笋去壳，洗净，切片。

❸油锅烧热，放入猪里脊肉片，翻炒至五成熟，倒入其他所有配菜，翻炒均匀后倒入热水，煮沸后关火即成浇头。

❹面汤碗中倒入日式猪骨汤料，加入热水，搅拌均匀成面汤。

❺另取一锅，倒入适量水，煮沸，放入拉面，煮熟后捞出装入面汤碗中。

❻淋上浇头，撒上熟白芝麻即可。

小贴士

从网上的食品店可以买到各种口味的日式拉面汤料，非常方便。若不想加汤包，可将炒过的猪肉和蔬菜直接加水煮沸，再加面条煮熟，简单又美味。

酸菜黑鱼米线

黑鱼含有不饱和脂肪酸，早上吃有助于增强记忆力，背书速度快，做题正确率高。

早餐速配

黑芝麻核桃露（第162页）

食材

即食酸菜	200克
黑鱼片	200克
鲜米线	150克
香菜	适量
葱花	适量
姜丝	适量
盐	适量
料酒	适量
小米辣	适量
白胡椒粉	适量
植物油	适量

❶黑鱼片加入料酒、白胡椒粉，腌10分钟。

❷油锅烧热，放入即食酸菜炒出香味。

❸另取一锅，加适量水，煮沸，倒入炒好的即食酸菜、切好的姜丝、米线，加入盐调味。

❹米线煮软后放入黑鱼片，用筷子轻轻推散。待食材煮熟，盛出撒上葱花、香菜、小米辣即可。

小贴士

家长购买酸菜时可以“一看、二按、三闻”：看颜色是不是介于浅黄色到深黄色，过于鲜亮是过度添加色素的表现；按一下酸菜能感到紧实有韧性，一按就散表明酸菜不太新鲜；新鲜的酸菜带有自然发酵的酸味，气味刺鼻表明品质不佳。

卤牛腩面

浓郁醇厚的面汤碰上肉汁四溢的牛腩，给孩子补充蛋白质、碳水化合物、铁元素的同时，又能满足孩子的胃。

早餐速配

蓝莓

食材

面条	200克
牛腩	100克
小青菜	1棵
洋葱	1个
胡萝卜	1根
姜	3片
大葱段	适量
冰糖	适量
盐	适量
蚝油	1瓷勺
生抽	2瓷勺
老抽	1瓷勺
卤料包	1个
熟白芝麻	适量

前一晚准备好

❶牛腩洗净，切块；洋葱去根，去皮，洗净，用“十”字刀切开；胡萝卜洗净，去皮，切块。

❷牛腩块、洋葱块、大葱段、卤料包、冰糖、蚝油、老抽、生抽、姜片放入锅中。

❸加入适量水，大火煮沸后转中小火炖30分钟，放入胡萝卜块，炖约15分钟至牛腩块酥软，凉凉后冷藏。

早上直接做

❶小青菜洗净；取大葱的葱白切圈。

❷锅中倒入适量水，煮沸后放入面条，煮至九成熟时放入小青菜，烫熟后捞出面条和青菜。

❸将牛腩加热，碗中加入盐，倒入2汤匙卤牛腩汁和热水，放入面条、牛腩块、胡萝卜块、小青菜，撒上葱圈和熟白芝麻即可。

小贴士

用铸铁锅或高压锅炖牛腩能够大大缩短制作时间，还能让牛腩软烂酥香。

碳水化合物
蛋白质
维生素C
肉丸粉丝
扫一扫 跟着做
弹牙筋道的肉丸是一些孩子的最爱，与肉丸“做伴”的绿叶蔬菜满满都是维生素，它们属实是“黄金搭档”。
早餐速配
碧根果

食材

绿豆粉丝	50克
猪肉糜	200克
鸡蛋	1个
菜心	3棵
葱花	适量
姜末	适量
香菜碎	适量
盐	1茶匙
生抽	1/2茶匙
老抽	1茶匙
料酒	2汤匙
芝麻油	适量
五香粉	适量

前一晚准备好

猪肉糜放入碗中，打入鸡蛋，加入葱花、姜末、盐、五香粉，倒入生抽、老抽、料酒，搅拌上劲，盖上保鲜膜，冷藏备用。

早上直接做

❶菜心洗净，去根。

❷锅中倒入适量水，煮沸后用小勺挖取肉馅成团，依次放入沸水中，煮1分钟。

❸放入绿豆粉丝，煮至九成熟，加入盐调味，放入菜心，搅拌均匀。

❹盛出，撒上香菜碎，淋上芝麻油即可。

小贴士

包饺子、馄饨时，常常不知道多余的馅料该怎么处理。其实，可以将其冷藏保存，次日早上用来做一道肉丸粉丝，方便又美味。粉丝也可以换成面条，以孩子的喜好选择即可。

碳水化合物 蛋白质 B族维生素 钾

鲜虾炒米粉

食材	
干米粉	200克
虾仁	6只
鸡蛋	2个
韭菜	1把
生抽	适量
植物油	适量

早餐速配

牛油果布丁奶昔（第170页）

前一晚准备好

干米粉用温水浸泡，泡软后取出备用。

早上直接做

❶虾仁洗净，开背，去除虾线。

❷韭菜洗净，沥干水，切小段；鸡蛋打散。

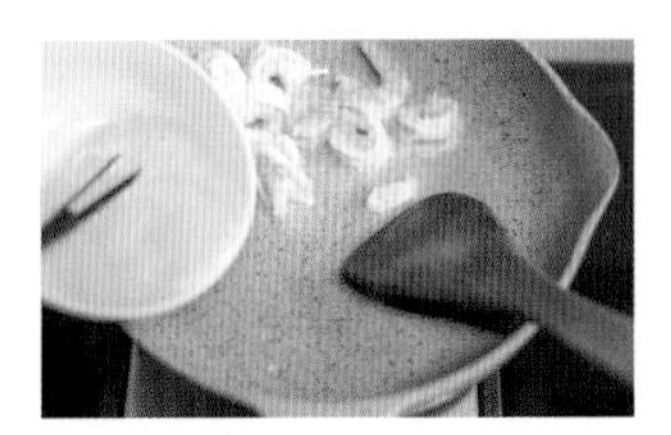

❸油锅烧热，放入虾仁，翻炒至半熟，将虾仁推至一边，倒入蛋液，翻炒均匀。

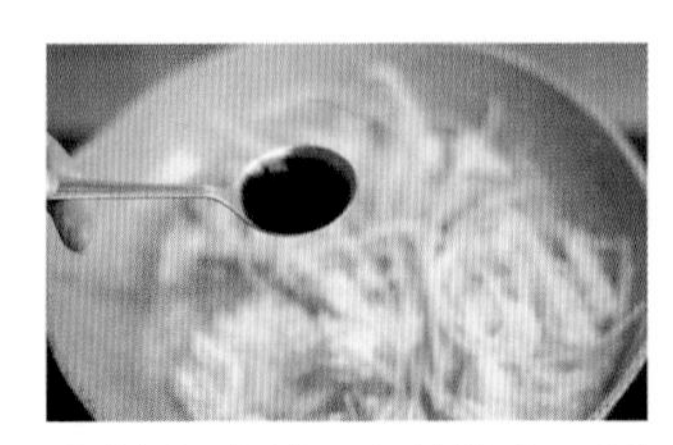

❹放入米粉，翻炒均匀，倒入生抽调味，加入适量水、韭菜段，翻炒均匀即可。

碳水化合物 蛋白质

苏式炒面

食材

食材	用量
面条	200克
虾仁	100克
盐	1/2茶匙
白砂糖	1茶匙
老抽	1/2汤匙
醋	2瓷勺
生抽	2瓷勺
葱花	适量
植物油	适量

❶油锅烧热，倒入洗净的虾仁，翻炒均匀，盛出备用。

❷将醋、生抽、老抽、白砂糖、盐放入碗中，搅拌均匀成调味汁。

❸锅中倒入适量水，煮沸后放入面条，煮至九成熟时捞出过冷水，沥干水。

❹另取油锅烧热，放入面条，不停翻动，炒至一面呈焦黄色，翻面。

❺倒入调味汁，翻炒均匀，将面条炒干，略带焦脆。

❻盛出面条，放上虾仁、葱花即可。

碳水化合物 蛋白质

葱油拌面

食材

面条	200克
小葱	1把
盐	1茶匙
白砂糖	1瓷勺
生抽	2瓷勺
老抽	2瓷勺
植物油	适量

前一晚准备好

❶小葱洗净，擦干水，切去葱白，剩下部分切段和葱花。

❷将生抽、老抽、盐、白砂糖放入碗中，搅拌均匀成调味汁。

❸热锅冷油，放入葱段，小火炸至焦黄有香味，捞出，关火。

❹待油温稍微下降，缓缓倒入调味汁，开小火，边搅拌边熬至有气泡，关火，凉凉即成葱油。

早上直接做

❶锅中倒入适量水，煮沸后放入面条，煮熟后捞出，沥干水。

❷面条放入碗中，淋上葱油，搅拌均匀，撒上葱花即可。

小贴士

熬葱油时也可以放入少量洋葱丝，可添一层洋葱的清甜与辛辣。熬好的葱油一次吃不完，凉凉后装入密封罐内常温保存，随时取用，能够节省不少制作时间。

碳水化合物 蛋白质 维生素C B族维生素

番茄口蘑肉酱拌面

食材

食材	用量
面条	200克
猪肉糜	100克
番茄	2个
口蘑	8~10个
盐	适量
葱花	适量
熟黑芝麻	适量
植物油	适量

早餐速配

舒润山药饮（第 160 页）

❶ 口蘑洗净，去蒂，体积较大的对半切开。

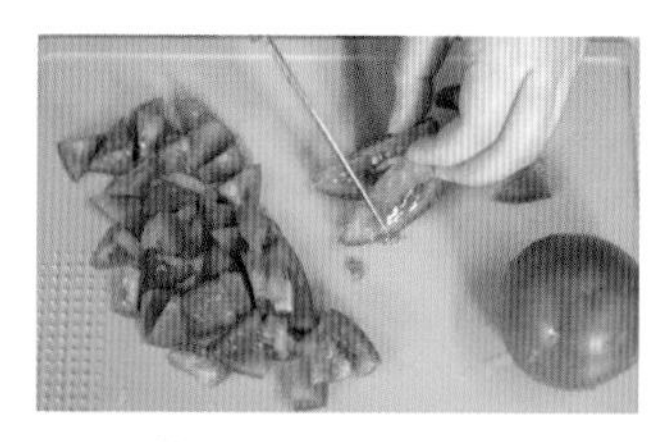

❷ 番茄洗净，切小丁。

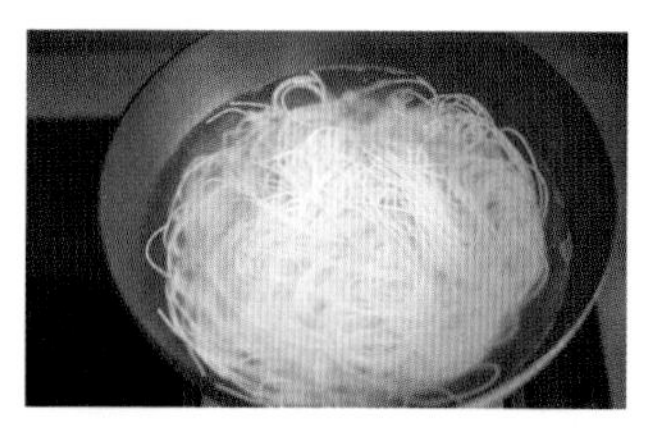

❸ 锅中倒入适量水，煮沸后放入面条，煮至八成熟，捞出后过冷水备用。

❹ 另取一锅，油烧至五成热后倒入番茄丁，翻炒出汁后倒入猪肉糜，翻炒均匀。

❺ 猪肉糜炒至半熟后倒入口蘑、半碗水，加入盐调味，翻炒均匀。

❻ 转小火，放入面条，翻炒均匀；收汁后撒上葱花和熟黑芝麻即可。

碳水化合物 蛋白质 维生素E 多酚类化合物

香椿鸡蛋拌面

食材

面条	200克
鸡蛋	2个
香椿芽	1把
甜面酱	适量
植物油	适量

早餐速配

活力胡萝卜汁（第165页）

❶香椿芽洗净，放入沸水中焯烫一下，变色后捞出沥干水，切碎。

❷鸡蛋打散备用；甜面酱放入碗中，加入1汤匙热水，搅拌均匀。

❸油锅烧热，倒入蛋液，炒至半熟，放入香椿芽碎、甜面酱汁、适量热水，翻炒均匀即成香椿芽浇头。

❹另取一锅，倒入适量水，煮沸后放入面条，煮熟后捞出装入碗中，浇上香椿芽浇头即可。

小贴士

家长可以把香椿芽切得更碎一些，让其口感更细腻，便于孩子消化。甜面酱本身含有大量盐，故做浇头时可以不用额外加盐。

碳水化合物 蛋白质 维生素C

红烧肉酱拌面

无汤的拌面更适合夏天吃，甜咸的滋味可以瞬间打开孩子的食欲。加点黄瓜丝和豆芽，拌面更清爽。

碧根果

维C满满柑橘水(第166页)

食材

面条	200克
猪肉糜	100克
洋葱	1/2个
小青菜	1棵
胡萝卜	1根
白砂糖	1茶匙
盐	1/2茶匙
生抽	1茶匙
老抽	1/2茶匙
料酒	1瓷勺
甜面酱	1汤匙
葱花	适量
小米椒圈	适量
植物油	适量

前一晚准备好

❶洋葱洗净，去皮，切碎；胡萝卜洗净，去皮，切碎。(也可以放入搅拌机中打碎）

❷猪肉糜放入碗中，加入洋葱碎、胡萝卜碎、生抽、老抽、盐、白砂糖、料酒、葱花，搅拌均匀，放入冰箱冷藏。

早上直接做

❶油锅烧热，倒入猪肉糜，翻炒均匀，加入甜面酱和一碗水，翻炒均匀，转小火，盖上锅盖，焖2分钟成肉酱。

❷另取一锅，倒入适量水，煮沸后放入面条，煮熟后捞出装入碗中。

❸小青菜洗净，去根，放入沸水中，烫熟后捞出，放入装有面条的碗中。

❹淋上肉酱，撒上小米椒圈即可。

小贴士

胡萝卜可尽量切得碎一些，这样更容易煮熟。宽面条能让酱料包裹得更均匀，口感也更劲道。

第4章

包子、饺子和馅饼，让孩子一上午不饿

包子、饺子和馅饼的馅料“包罗万象”：肉类提供蛋白质，蔬菜提供维生素和膳食纤维等。包子和饺子面皮易消化，也能提供充足的能量。馅饼一口咬下去是满满的馅料，浓香四溢，让孩子吃得过瘾，一上午身体都暖暖的，可专心投入学习。同时，包子、饺子和馅饼可以一次做几天的量，冷冻起来分几次吃，是学生快手营养早餐的理想之选。

食材

中筋面粉	400克	干黑木耳	15克	盐	适量
酵母粉	3克	鲜香菇	5朵	五香粉	适量
小青菜	5棵或6棵	豆腐干	3块	蚝油	适量
干虾米	10克	鸡蛋	1个	芝麻油	适量

前一晚准备好

❶小青菜洗净；干黑木耳、干虾米用冷水泡发，切碎；鲜香菇洗净，切丁；豆腐干切丁。

❷锅中倒水，大火煮沸后放入小青菜，焯烫约10秒，捞出过冷水后切碎，挤干水放入碗中。

❸碗中放入黑木耳碎、虾米碎、鲜香菇丁、豆腐干丁，打入鸡蛋，加入盐、五香粉、蚝油、芝麻油，搅拌均匀即成馅料，盖上保鲜膜，冷藏一会儿。

❹200毫升水中放入3克酵母粉，搅拌均匀成酵母水；将中筋面粉倒入碗中，加入酵母水，一边倒水一边用筷子搅拌成絮状。

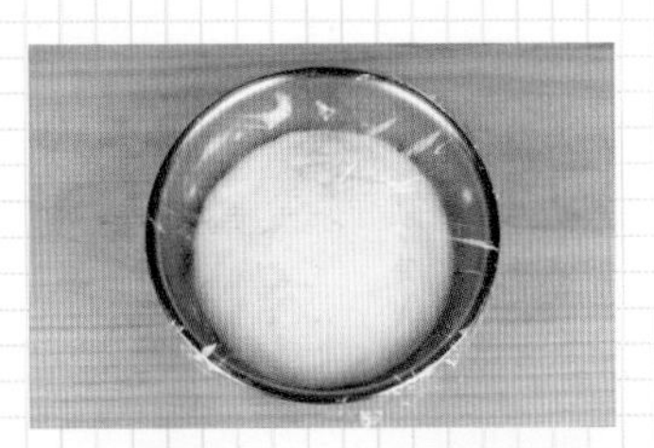

❺用手揉面，揉成基本光滑的面团，醒发20分钟，擀成条状，切成若干个重约35克的剂子。

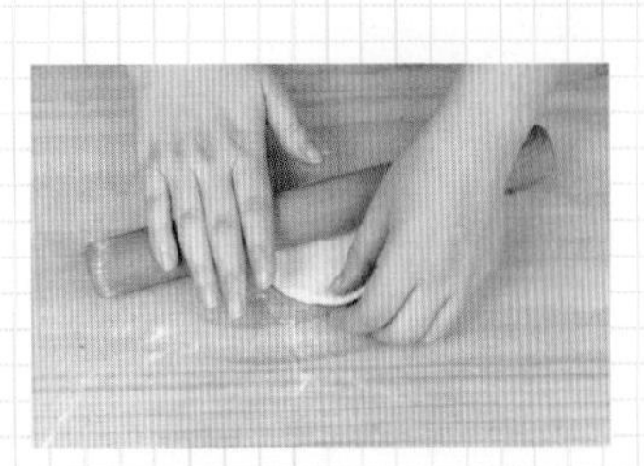

❻在案板上撒适量面粉，将剂子擀成比手掌略大的圆形面皮。

❼面皮上放适量馅料，抓起一角对折，右手捏出褶子，左手按住馅料，同步转动，收口。依次包好所有包子。

❽蒸锅中倒入热水，包子放入蒸笼，盖上锅盖，醒发15~20分钟，待包子膨胀变大，开中小火蒸约15分钟，取出凉凉，将次日要吃的冷藏保存，剩下的冷冻保存。

早上直接做

蒸锅中倒入适量水，放上装有包子的蒸笼，中小火蒸约10分钟，关火，闷5分钟即可。

葱肉包子

食材

中筋面粉	300克	姜末	适量	老抽	1/2茶匙
猪肉糜	300克	盐	适量	料酒	2茶匙
酵母粉	3克	五香粉	适量	蚝油	1/2茶匙
鸡蛋	1个	甜面酱	2瓷勺		
葱花	适量	生抽	1茶匙		

前一晚准备好

❶中筋面粉、酵母粉、五香粉、盐依次放入碗中，一边倒水（185毫升）一边用筷子搅拌成絮状。

❷用手揉面，揉成基本光滑的面团，放入碗中，盖上保鲜膜，放在温暖处醒发。

❸猪肉糜放入碗中，打入鸡蛋，加入葱花、姜末、五香粉、甜面酱、生抽、老抽、盐、蚝油，搅拌均匀。搅拌时分次倒入料酒，每次至搅拌均匀、水分完全吸收后再倒入。

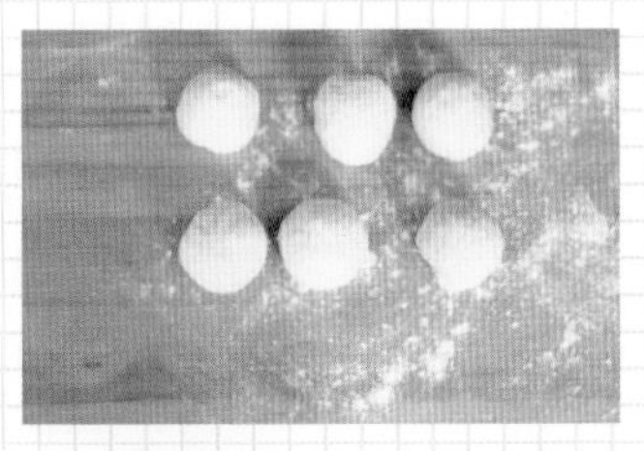

❹面团醒发至原来2倍大时取出，搓成长条，分成若干个大小均匀的剂子。

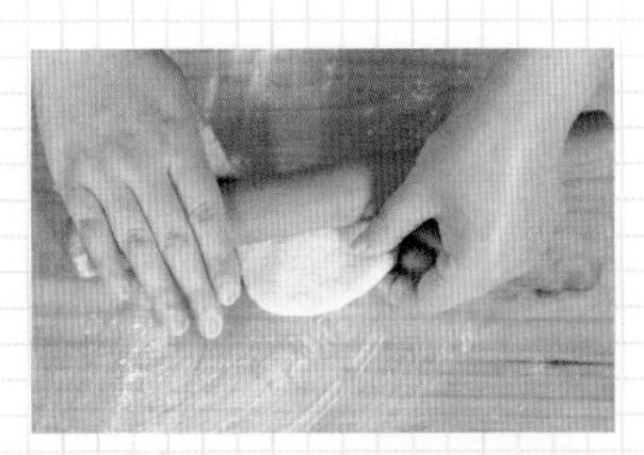

❺剂子按扁，擀成中间厚、两边略薄的面皮。

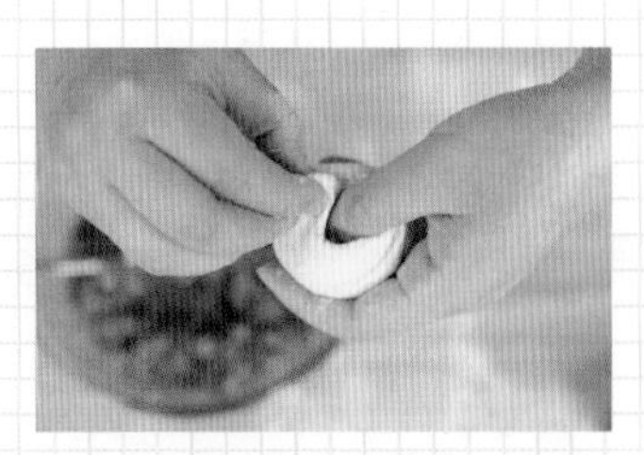

❻面皮上放适量馅料，抓起一角对折，右手捏出褶子，左手按住馅料，同步转动，收口。依次包好所有包子，静置醒发15分钟。

❼蒸笼上铺硅胶垫，放入包子，保持一定间距，防止粘连。

❽蒸锅中倒入适量水，放上蒸笼，中小火蒸15~20分钟，关火，闷5分钟，取出凉凉，将次日要吃的冷藏保存，剩下的冷冻保存。

早上直接做

蒸锅中倒入适量水，放上装有包子的蒸笼，中小火蒸约10分钟，关火，闷5分钟即可。

碳水化合物 蛋白质 虾青素 钙

虾肉生煎包

精致小巧的生煎包，孩子一口一个，汁水在嘴里爆开，给孩子的口腔一个小惊喜。

早餐速配

元气五红饮（第159页）

苹果

食材

中筋面粉	200克
猪肉糜	300克
虾仁	120克
酵母粉	2克
鸡蛋	1个
葱花	适量
熟黑芝麻	适量
盐	1/2茶匙
料酒	1汤匙
生抽	1汤匙
蚝油	1茶匙
植物油	适量

❶中筋面粉、酵母粉放入碗中，一边倒水（110毫升）一边用筷子搅拌成絮状，揉成基本光滑的面团，盖上保鲜膜，醒发20分钟。

❷虾仁去除虾线，洗净，放入碗中，加入猪肉糜、葱花、料酒、生抽、盐、蚝油，打入鸡蛋，搅拌至起浆即成馅料，盖保鲜膜放入冰箱，冷藏备用。

❸醒发好的面团搓成长条，切成若干个重约20克的剂子，擀成圆形面皮。

❹面皮上放适量馅料，抓起一角对折，右手捏出褶子，左手按住馅料，同步转动，收口。依次包好所有生煎包。

❺油锅烧热，放入生煎包，中火煎至底部微焦，沿着锅的内壁快速倒入水，水汽上来后立刻盖上锅盖，中小火煎2分钟后关火，闷1分钟。

❻取出生煎包装盘，撒上葱花和熟黑芝麻即可。

小贴士

不同品牌的面粉吸水性各异，建议和面的时候分次加水，可以根据面团状态，预留5毫升清水备用，以免一下子加入太多水导致面团过湿。此款食谱推荐周末制作，如果是煎制冷藏过的生煎包，建议制作前先放入蒸锅蒸熟。

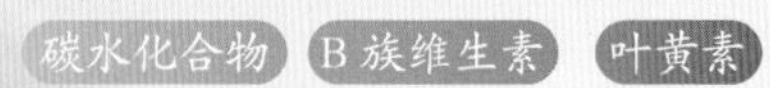

脆底玉米包

使用玉米粉制作的脆底玉米包吃起来饱腹感更强，孩子吃完饿得慢，听课时注意力更集中。

早餐速配

韩式葱腌鸡蛋（第192页）

小吊梨汤（第158页）

食材

玉米粉	100克
低筋面粉	200克
酵母粉	适量
白砂糖	适量
植物油	适量

❶玉米粉放入碗中，一边倒水（90毫升热水），一边用筷子搅拌成絮状。

❷搅拌好的玉米粉倒入碗中，依次加入白砂糖、酵母粉、低筋面粉，搅拌均匀，分2~4次加入100毫升冷水，再次搅拌均匀。

❸用手揉面，揉成基本光滑的面团，盖上保鲜膜，放在温暖处醒发至原来2倍大。

❹取出醒发好的面团，在案板上撒适量面粉，继续揉3~5次，盖上保鲜膜，静置10分钟。

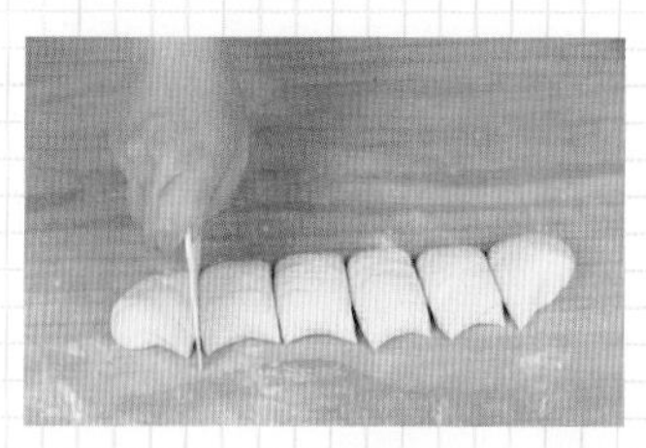

❺取出面团，分成两份，搓成长条，每条切成6个大小均匀的剂子。

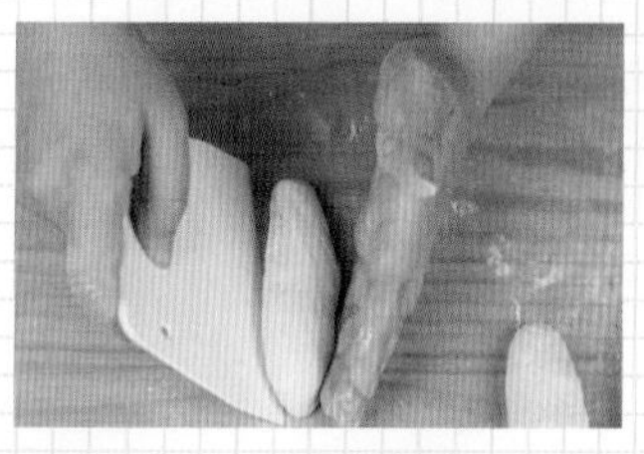

❻每个剂子搓成条状，两头稍尖一些，盖上保鲜膜，静置10分钟。

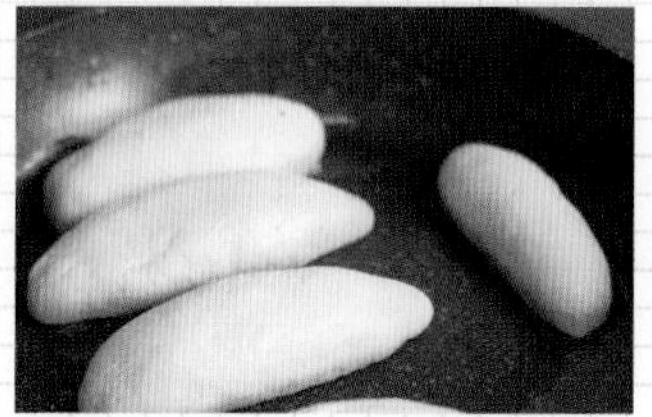

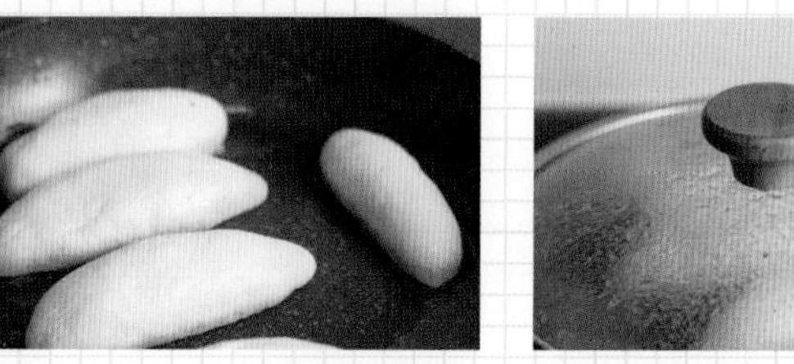

❼平底锅中倒入适量植物油，逐个放入玉米包，保持一定间距，中火热锅。

❽锅热后倒入适量水，约高出锅底半指深，盖上锅盖，小火煎至水分蒸发，关火，闷1分钟即可。

小贴士

制作脆底玉米包时，醒面时间较长，建议家长周末空暇时制作；或者提前一天做好蒸熟后，放入冰箱冷藏，第二天早上起来用平底锅回煎即可。

虾仁鲜肉烧卖

家长可以把虾仁包在烧卖里，让孩子就像寻宝一样，边吃边找“宝藏”。

早餐速配

食材

中筋面粉	200克
虾仁	100克
猪肉糜	300克
熟玉米粒	40克
胡萝卜	1/2根
鲜香菇	6朵
干虾米	2茶匙
葱花	适量
姜末	适量
盐	1茶匙
白砂糖	1茶匙
料酒	1瓷勺
生抽	1汤匙
老抽	1茶匙
五香粉	适量
植物油	适量

❶中筋面粉放入碗中，一边倒水（100毫升热水），一边用筷子搅拌成絮状，用手揉成基本光滑的面团，盖上保鲜膜，放在温暖处醒发20分钟。

❷猪肉糜、五香粉放入碗中，加入葱花、姜末、白砂糖、盐、生抽、老抽，搅拌均匀，分2次或3次加入料酒，搅拌均匀，腌制5分钟。

❸鲜香菇洗净，去蒂，切丁；胡萝卜洗净，去皮，切丁；虾仁去除虾线，洗净，切丁。

❹油锅烧热，放入香菇丁、胡萝卜丁，翻炒均匀，盛出凉凉；虾仁丁、虾米、熟玉米粒放入装有腌好的猪肉糜的碗中，再放入炒好的香菇丁、胡萝卜丁，翻拌均匀即成馅料。

❺取出醒发好的面团，继续揉3~5次，揉成基本光滑的面团，盖上保鲜膜，静置10分钟；取出面团，搓成长条，分成2份，用刮板将长条分成若干个重约15克的剂子。

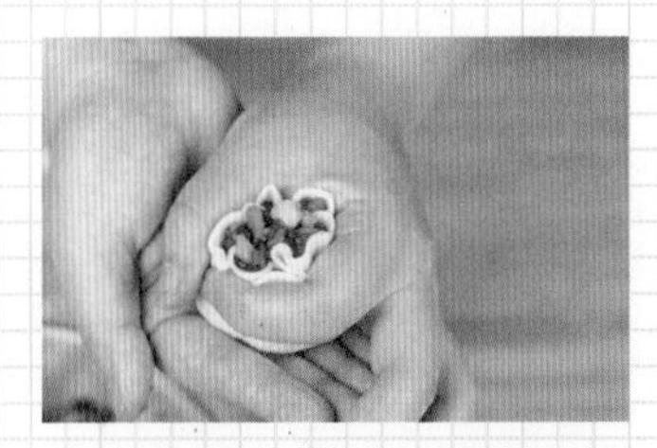

❻在案板上撒适量面粉，将剂子擀成中间厚、两边略薄的圆形面皮；面皮上放适量馅料，手掌收小挤出褶皱，另一只手捏出颈部，让馅料挤满收口处。

❼蒸锅中倒入适量水，放上装有烧卖的蒸笼，中小火蒸约10分钟即可。

碳水化合物
蛋白质
类胡萝卜素
三鲜素饺
扫一扫 跟着做
早上不想让孩子吃得太油腻，不妨试试这道爽口的素三鲜水饺，补充能量的同时也能让孩子一饱口福。
早餐速配
豆浆
蓝莓

食材

饺子皮	50张
胡萝卜	2根
鸡蛋	3个
蒜苗	4根
鲜香菇	4朵
盐	1/2茶匙
熟白芝麻	适量
五香粉	1/2茶匙
蚝油	1瓷勺
芝麻油	适量
植物油	适量

前一晚准备好

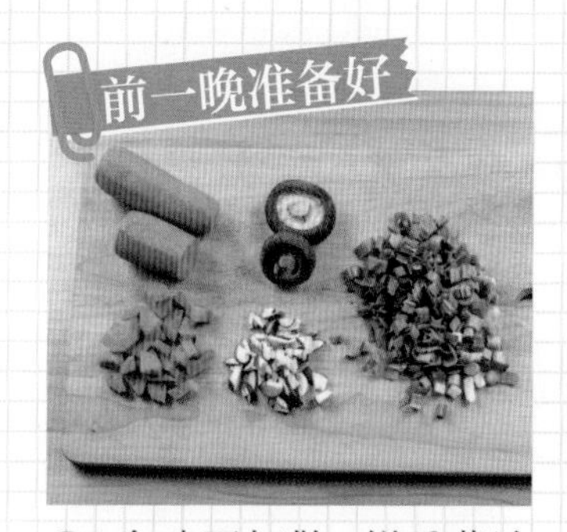

❶2个鸡蛋打散；鲜香菇洗净，去蒂，切丁；蒜苗洗净，切碎；胡萝卜洗净，去皮，切丁。

❷油锅烧热，倒入蛋液炒散，翻炒均匀，盛出凉凉。

❸胡萝卜丁、香菇丁、蒜苗碎放入料理机打碎，倒入盛放炒好的鸡蛋的碗中，打入1个鸡蛋，加入盐、蚝油、五香粉、熟白芝麻、芝麻油，搅拌均匀即成馅料。

❹取一张饺子皮，放上适量馅料，压出褶皱后收口。依次包好所有饺子，放入冰箱冷冻保存。

小贴士

素饺子馅料比较细碎，而且没有肉浆黏合，容易“出水”，因此拌料时不宜加过多含水分的调料（如料酒、生抽）。提前把饺子包好放到冰箱里冷冻，早上能节省不少时间。

早上直接做

❶锅中倒入适量水，煮沸，放入饺子，用漏勺轻轻推散以免粘底。

❷煮至饺子全熟浮起，盖上锅盖，关火，闷1分钟，捞出即可。

碳水化合物 蛋白质 铁

鲜笋木耳蒸饺

食材

饺子皮	40张
猪肉糜	300克
鸡蛋	1个
春笋	2个
干黑木耳	30克
盐	1/2茶匙
生抽	1瓷勺
蚝油	1茶匙
芝麻油	1/2茶匙

早餐速配

雪梨苹果汁（第164页）

前一晚准备好

❶干黑木耳用温水泡发，切碎；春笋去壳洗净，切碎。

❷猪肉糜放入碗中，加入春笋碎、黑木耳碎、芝麻油、盐、蚝油、生抽，打入鸡蛋，搅拌均匀即成馅料。

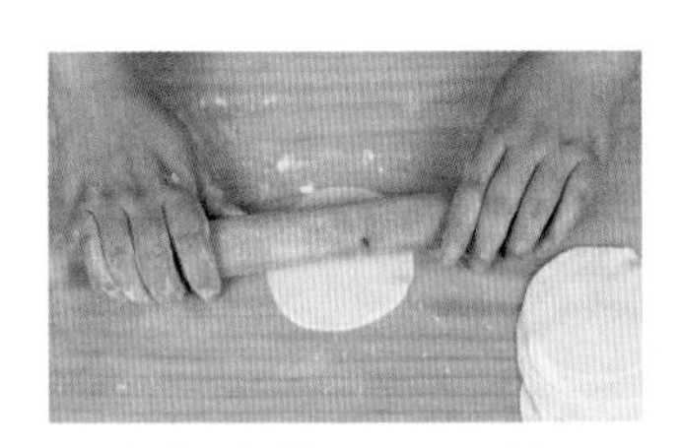

❸案板上撒适量面粉，用擀面杖将饺子皮逐个擀薄。

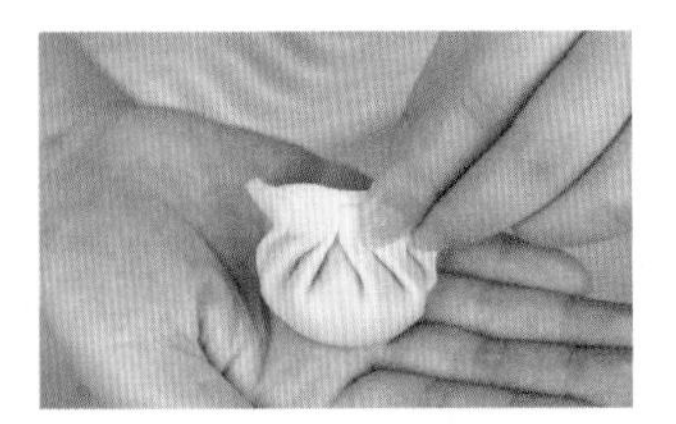

❹取一张饺子皮，放上适量馅料，压出褶皱后收口。依次包好所有饺子，放入冰箱冷冻保存。

早上直接做

❶饺子放在蒸笼里，保持一定间距。

❷锅中倒入适量水，放上蒸笼，盖上锅盖，大火蒸7~9分钟，关火，闷2分钟即可。

食材	
馄饨皮	40张
猪肉糜	250克
榨菜碎	40克
鸡蛋	1个
芹菜	1小把
葱花	适量
香菜碎	适量
盐	1茶匙
五香粉	适量
料酒	1瓷勺
生抽	1瓷勺
蚝油	1瓷勺
植物油	1茶匙

碳水化合物 蛋白质

芹菜鲜肉馄饨

❶芹菜去根洗净，切碎，挤出水，放入碗中，加入猪肉糜、榨菜碎、生抽、蚝油，搅拌均匀。

❷再加入盐、五香粉、料酒、植物油调味，打入鸡蛋，搅拌至上劲黏稠即成馅料。

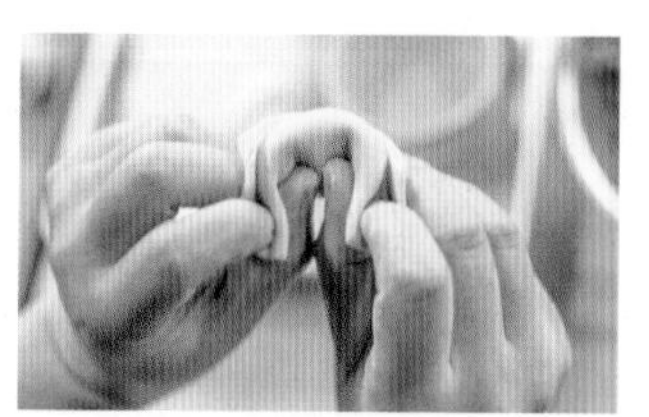

❸取一张馄饨皮，放上适量馅料，对边对折馄饨皮，将两边粘连起来。依次包好所有馄饨。

❹锅中倒入适量水，煮沸，放入馄饨，用漏勺轻轻推散，以免粘底。

❺煮至馄饨全熟浮起，盖上锅盖，关火，闷1分钟。

❻将馄饨捞出装盘，撒上香菜碎、葱花即可。

碳水化合物 蛋白质

脆底冰花煎饺

食材

速冻饺子	8~10个
淀粉	5克
葱花	适量
熟黑芝麻	适量
植物油	适量

❶淀粉放入碗中，加100毫升水搅拌均匀，制成水淀粉。

❷平底锅中倒入适量植物油，逐个放入饺子，大火热锅，中火煎至饺子底部金黄。

❸淋上水淀粉，迅速盖上锅盖。

❹焖至水分蒸发，饺子煎出脆底，关火，闷30秒后盛出，撒上葱花、熟黑芝麻即可。

小贴士

水淀粉一静置就容易沉淀，要搅拌均匀后再淋入锅中。速冻饺子无须解冻，直接放入油锅中煎熟即可。

碳水化合物 蛋白质

抱蛋煎饺

食材

食材	用量
速冻饺子	7~9个
鸡蛋	1个
熟黑芝麻	适量
葱花	适量
红椒圈	适量
植物油	适量

早餐速配

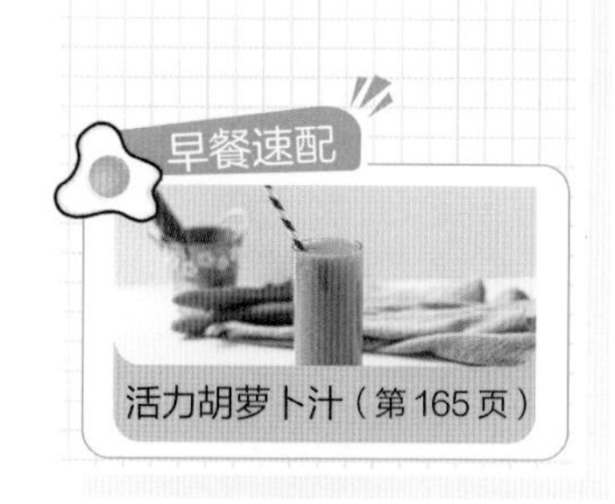

活力胡萝卜汁（第165页）

❶鸡蛋打散；平底锅中倒入适量植物油，逐个放入饺子，保持一定间距。

❷锅内出现“吱吱”声响并开始冒热气时，倒入适量水，迅速盖上锅盖。

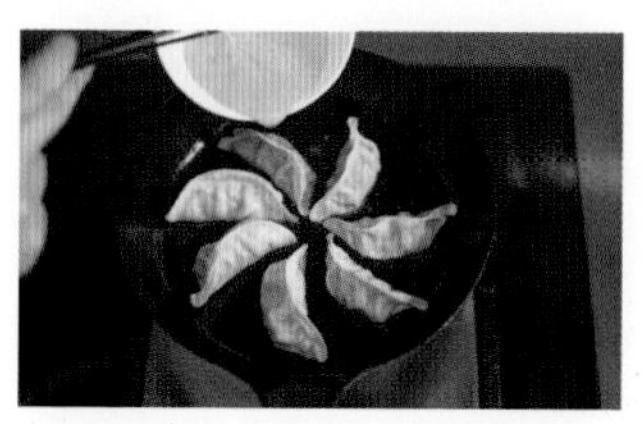

❸焖蒸1~3分钟，打开锅盖，在饺子间隙淋上蛋液。

❹待蛋液稍凝固，撒上熟黑芝麻、葱花，盖上锅盖，焖5~8分钟，出锅时撒上红椒圈即可。

小贴士

倒水时容易有油飞溅出来，因而要贴着锅的边缘迅速倒入水，并立刻盖上锅盖，焖蒸的时间根据所煎饺子的皮的厚度来调整。市售“冷冻煎饺”的皮相对薄一些，焖蒸时间可缩短。

碳水化合物 蛋白质 维生素C

脆皮锅贴

脆脆的口感是脆皮锅贴的特色，一口咬下去，“咔吱”一声，香味溢满唇齿，唤醒睡眼惺忪的孩子。

早餐速配

舒润山药饮（第160页）

食材

馄饨皮	30张
猪肉糜	300克
鸡蛋	1个
虾仁	100克
小青菜	4棵
盐	适量
葱花	适量
料酒	适量
生抽	适量
蚝油	适量
熟黑芝麻	适量
红椒丝	适量
植物油	适量

❶猪肉糜、虾仁放入碗中，打入鸡蛋，加入盐，搅拌均匀。

❷小青菜洗净，切碎后放入碗中，加入蚝油、料酒、生抽，搅拌上劲即成馅料。

❸取一张馄饨皮，放上适量馅料，边缘抹上水，上下合拢、黏合。依次包好所有锅贴。

❹平底锅中喷适量植物油，中火烧热，逐个放入锅贴，盖上锅盖，煎至温度上升，沿锅边倒入适量水。

❺迅速盖上锅盖，转小火煎，其间可稍微晃动锅身，以免粘底。

❻锅贴熟后盛出，撒上熟黑芝麻、葱花，点缀红椒丝即可。

小贴士

想要锅贴底部酥脆，就要掌握好火候：中火煎3~5分钟，再转小火慢煎。

碳水化合物 蛋白质

菜肉馄饨

扫一扫 跟着做

一碗热气腾腾的馄饨让冬季的早晨变得温暖。菜肉馄饨有菜又有肉，孩子吃完胃暖暖的。

早餐速配

橘子

食材

食材	用量
馄饨皮	40张
猪肉糜	250克
小青菜	6棵
豆腐干	120克
鸡蛋	1个
榨菜	80克
紫菜	适量
葱花	适量
虾皮	适量
盐	1茶匙
五香粉	适量
生抽	1瓷勺
蚝油	1瓷勺
植物油	适量
香菜	适量
芝麻油	适量

❶小青菜洗净，去根后切碎，放入碗中，加入适量盐，搅拌均匀，静置10分钟出水后挤干水。

❷豆腐干、榨菜切碎，放入碗中，加入猪肉糜、植物油，打入鸡蛋，搅拌均匀。

❸猪肉糜与小青菜碎混合均匀，加入盐、蚝油、五香粉，搅拌均匀即成馅料。

❹取一张馄饨皮，放上适量馅料，边缘抹上适量水。

❺从离自己近的一边向另一边对折，将周围捏紧。

❻连接并捏紧馄饨皮的两边。依次包好所有馄饨。

❼锅中倒适量水，煮沸，放入馄饨，煮熟后捞出。

❽葱花、紫菜、虾皮、生抽放入碗中，倒入适量热水，待紫菜化开后倒入馄饨，搅拌均匀，撒上香菜、葱花，淋上芝麻油即可。

碳水化合物 蛋白质 维生素C

鲜肉小馄饨

猪肉混合虾仁调馅，肉质细腻且口味鲜甜，挑食的孩子也能吃得香。

木耳拌黄瓜

哈密瓜

食材

食材	用量
馄饨皮	40张
猪肉糜	250克
芹菜	100克
鸡蛋	2个
榨菜	适量
紫菜	适量
葱花	适量
盐	适量
五香粉	适量
生抽	1瓷勺
蚝油	适量
料酒	适量
虾米	适量
植物油	适量

前一晚准备好

❶芹菜洗净，切碎；榨菜切碎，与猪肉糜一同放入盆中，加入盐、蚝油、料酒、五香粉，打入1个鸡蛋，再加入植物油，搅拌起浆即成馅料。

❷取一张馄饨皮，放上适量馅料，边缘抹上适量水。

❸将馄饨皮对角对折，随即用拇指轻压捏住。

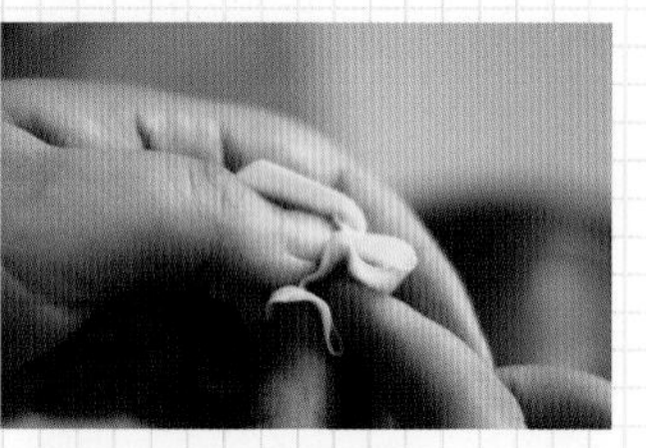

❹另一只手可将馄炖皮两边往中间推，然后捏实。依次包好所有馄饨，冷冻保存。

早上直接做

❶鸡蛋打散；油锅烧热，倒入蛋液，摇晃锅身，将蛋液铺匀。

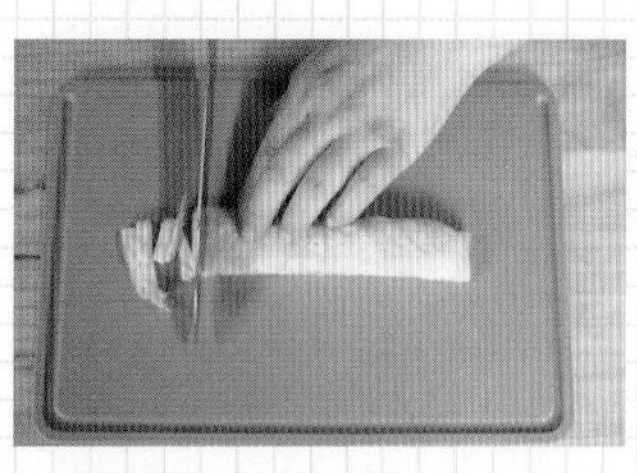

❷待蛋液凝固后关火，盛出蛋皮，卷起切丝。

❸锅中倒入适量水，煮沸，放入馄饨，煮熟后捞出。

❹葱花、紫菜、生抽放入碗中，倒入热水，待紫菜化开后放入馄饨、蛋丝和虾米。

小贴士

可在馅料中加入适量蔬菜丁，如芹菜末或蘑菇丁，这样馄饨味道更鲜美。食用时可根据孩子口味，放入少许芝麻油和虾皮，既能给孩子补钙，又能提香增鲜。

奶香馒头

食材

食材	用量
中筋面粉	300克
牛奶	150毫升
炼乳	30克
酵母粉	4克

❶中筋面粉放入碗中，加入酵母粉，分2次倒入牛奶，第1次倒入牛奶后放入炼乳，用筷子搅拌成絮状。

❷用手揉面，揉成基本光滑的面团，盖上保鲜膜，放在温暖处醒发10分钟。

❸取出醒发好的面团，擀成长方形面皮。

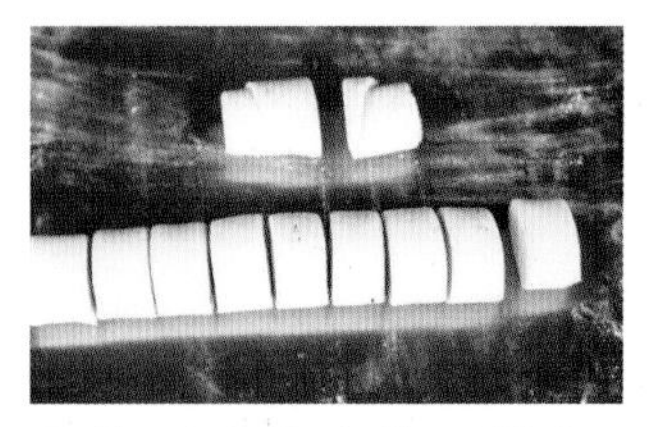

❹将面皮从上往下卷起，收口，平均分成若干份面团。

❺每个面团下垫一张油纸，放入蒸锅，醒发至1.5倍大。

❻面团醒发好后上锅蒸8分钟，关火，闷2分钟。如果提前一天做好，第二天回锅蒸5~8分钟即可。

碳水化合物

金银馒头

食材

速冻馒头	6~8个
炼乳	适量
植物油	适量

早餐速配

芹菜牛肉滑菇粥（第42页） + 水果沙拉

❶蒸锅中倒入适量水，放入速冻馒头，蒸5~7分钟，取出凉凉，取一半蒸好的馒头放入碗中。

❷油锅烧热，放入另一半蒸熟的馒头，中小火煎至底部金黄。

❸不时地翻动馒头，使每一面都煎至金黄。

❹蒸熟的馒头和煎好的馒头混合摆盘，淋上炼乳即可。

小贴士

如果是冷馒头，直接用油煎即可，无须加热，省时省力，可以搭配果酱或者其他孩子喜欢的酱料食用。

碳水化合物 蛋白质 维生素C

葱香花卷

早餐速配

生滚鱼片粥（第45页）

桃子

食材

中筋面粉	250克	植物油	2瓷勺
酵母粉	2克	葱花	适量
盐	1茶匙	椒盐粉	适量

❶中筋面粉、酵母粉、盐（盐和酵母粉用面粉隔开）和125毫升水一起加入面包桶内，面包机开启和面程序（如果用手揉，应逐次加水揉至面团光滑）。

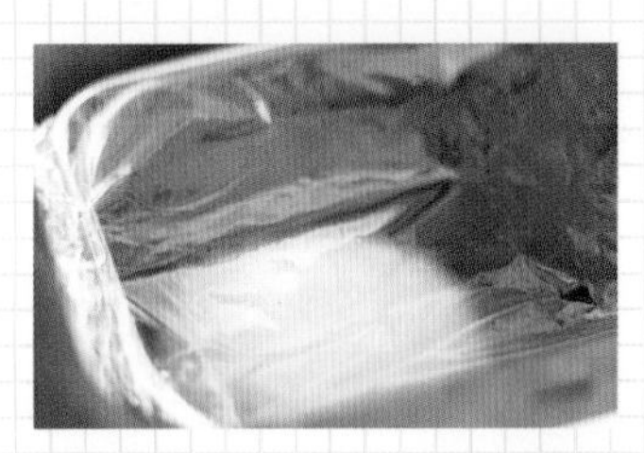

❷面团盖上保鲜膜，醒发至原来2倍大后取出揉面，再盖上保鲜膜，松弛约15分钟。

❸案板上撒适量面粉，放上面团，用擀面杖轻压排气，擀平成面饼。

❹面饼上刷一层植物油，均匀地撒上葱花、椒盐粉。

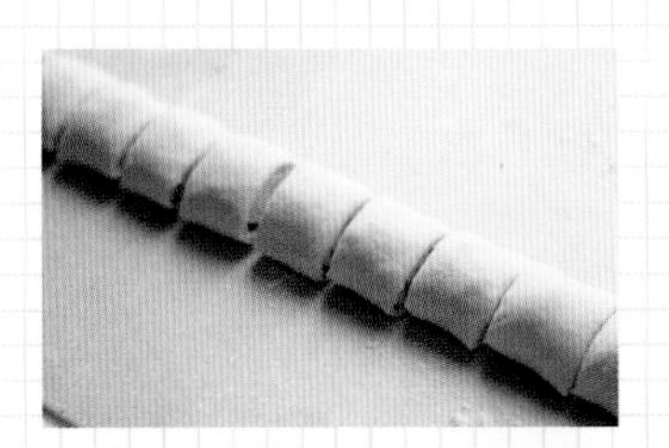

❺将面饼一边拉起，慢慢卷成条，平均切成若干份。

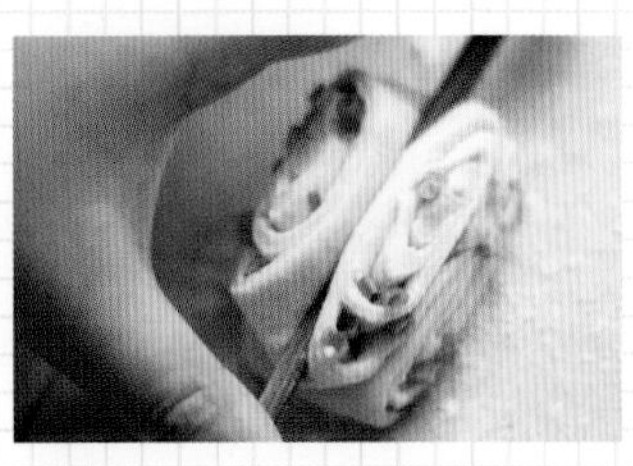

❻将2个切好的面团叠在一起，用筷子从中间按压，双手将面团往底部收拢。依次做好所有花卷。

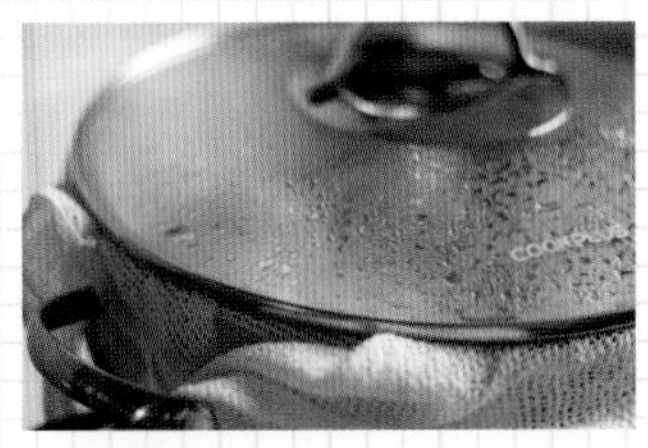

❼蒸锅中倒入适量水，大火煮沸后关火；在蒸笼上铺蒸布，放上花卷，保持一定间距；盖上锅盖，小火加热至锅变烫，用余温使花卷二次醒发。

❽中小火蒸约10分钟，关火，闷2分钟即可。

碳水化合物 蛋白质 维生素C

鸡蛋培根饼

食材

鸡蛋	2个
生菜叶	4片
烧饼	2个
培根	2片
植物油	适量

早餐速配

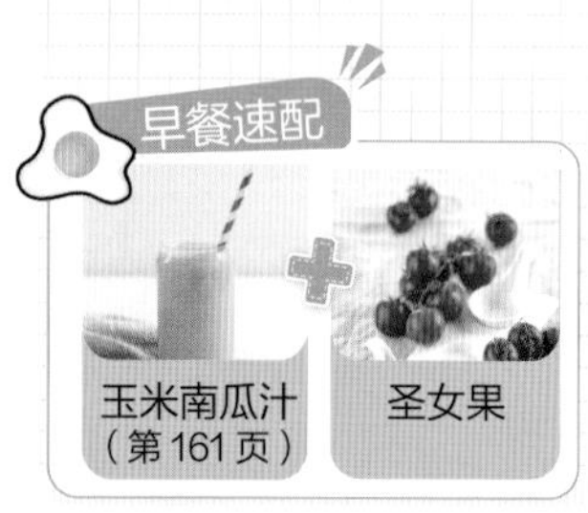

❶烤箱预热165℃，放入烧饼，烤3~5分钟，烤至烧饼酥脆。

❷油锅烧热，打入鸡蛋，煎成荷包蛋；放入培根，煎至两面微焦。

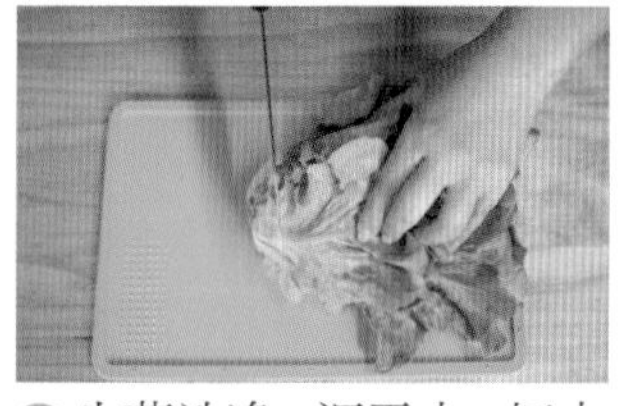

❸生菜洗净，沥干水，切去根部，取4片叶子。

❹烧饼从侧面切开，铺上生菜叶、培根、荷包蛋，盖上另一半烧饼，对半切开即可。

小贴士

建议提前买北方的油酥烧饼，这种烧饼复烤后口感香脆。建议烧饼复烤后放在通风处，让热气尽快散去，以免饼身受潮，孩子吃的时候口感不佳。

营养鸡肉饼

碳水化合物 蛋白质 维生素K

食材

食材	用量
鸡胸肉	200克
鸡蛋	1个
胡萝卜	1根
西蓝花	1朵
熟玉米粒	适量
淀粉	适量
盐	1茶匙
料酒	1/2瓷勺
生抽	1瓷勺
植物油	适量

❶西蓝花洗净，切块；胡萝卜洗净，去皮，切块；以上食材用料理机打碎后盛出。

❷鸡胸肉洗净，切块，用料理机打碎，倒入蔬菜碎，再倒入熟玉米粒，搅拌均匀。

❸肉馅中放入盐、料酒、生抽，打入鸡蛋，加入淀粉，搅拌均匀。

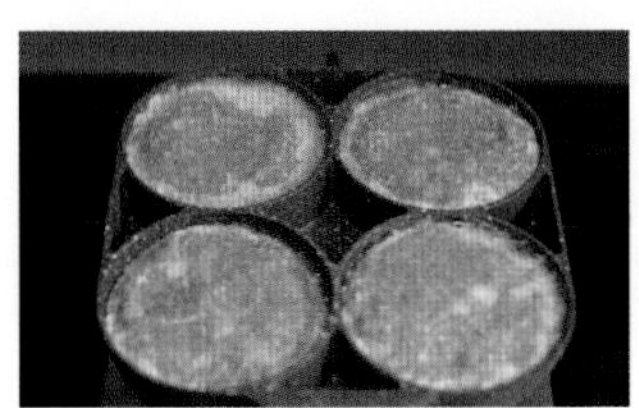

❹鸡蛋汉堡锅刷油烧热，开中火，放入肉泥。（也可以将肉泥整成圆饼，用平底锅煎）

❺肉饼煎至底部凝固，用锅铲或硅胶铲翻面，煎至两面金黄即可。

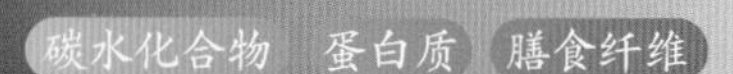

时蔬薄皮烙饼

这道时蔬薄皮烙饼外皮酥脆，内馅丰富，炒过的韭菜和鸡蛋加上芝麻油，香味更加浓郁，让孩子胃口大开。

早餐速配

菜心牛肉粥（第41页）

樱桃

食材

面粉	300克	胡萝卜	1根	五香粉	适量
韭菜	1把	鲜香菇	3朵	芝麻油	1茶匙
粉丝	1把	盐	1/2茶匙	蚝油	1/2茶匙
鸡蛋	2个	白砂糖	1/2茶匙	植物油	适量

❶面粉放入碗中，一边倒水，一边用筷子搅拌成絮状，揉成光滑的面团，盖上保鲜膜，醒发30分钟。

❷粉丝用温水泡软，切段；鲜香菇洗净，切丁；胡萝卜洗净，去皮，切丁；香菇丁、胡萝卜丁放入料理机中打碎。

❸韭菜洗净，切碎，放入碗中，加入适量植物油，搅拌均匀。

❹鸡蛋打散；油锅烧热，倒入蛋液，炒散后放入韭菜碎中，放入粉丝段、香菇碎、胡萝卜碎、白砂糖、盐、五香粉、芝麻油、蚝油、植物油，搅拌均匀。

❺油锅烧热，倒入拌好的韭菜鸡蛋馅料，炒至八成熟后盛出。

❻取出醒发好的面团，搓成长条，分成大小均匀的剂子，将剂子擀成圆形面皮。

❼面皮上放适量馅料，转圈将口收紧，揪掉多余的面团，轻轻压扁。依次做好所有馅饼。

❽电饼铛预热，刷一层植物油，放上馅饼，煎至一面金黄后翻面，煎至两面金黄即可。

碳水化合物 蛋白质 维生素E 钾

香椿芽煎饼

食材

香椿芽	100克
红彩椒	1个
鸡蛋	3个
盐	适量
五香粉	适量
植物油	适量

❶香椿芽洗净，放入沸水中焯烫10秒，捞出沥干水，切碎后放入碗中；红彩椒洗净，切碎后放入碗中。

❷碗中打入鸡蛋，加入盐、五香粉，搅拌均匀。

❸油锅烧热，倒入香椿芽蛋液，转中火，用铲子轻轻推动，使其平铺在锅底。

❹轻轻晃动锅身，确认蛋饼不粘锅底，然后翻面。

❺待煎饼煎出焦香后，在案板上铺吸油纸，摆上蛋饼，吸去多余油脂。

❻将蛋饼用“米”字花刀切开摆盘即可。

黄金土豆饼

碳水化合物　蛋白质　维生素C

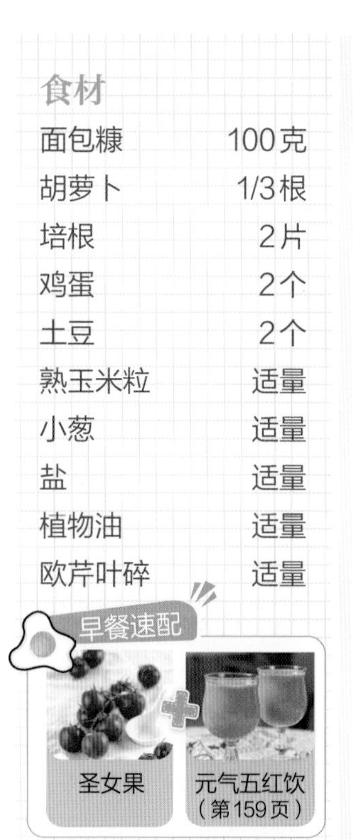

食材

面包糠	100克
胡萝卜	1/3根
培根	2片
鸡蛋	2个
土豆	2个
熟玉米粒	适量
小葱	适量
盐	适量
植物油	适量
欧芹叶碎	适量

早餐速配

圣女果 + 元气五红饮（第159页）

❶土豆洗净，去皮，切块，放入蒸锅，大火蒸约8分钟，至筷子能轻松插入，关火，盖上锅盖，闷5分钟。

❷胡萝卜洗净，去皮，切丁；培根切段；小葱洗净，切葱花；1个鸡蛋打散备用。

❸取出土豆，趁热用勺子压碎，保留些许颗粒，放入胡萝卜丁、培根段、葱花、熟玉米粒，打入另1个鸡蛋，加盐，搅拌均匀。

❹土豆碎稍凉凉，用手搓成团，轻轻按扁，表面裹上蛋液，再裹上面包糠。

❺鸡蛋汉堡锅（或煎锅）刷一层植物油，烧热后放入土豆饼，煎至两面金黄。

❻取出土豆饼，撒上欧芹叶碎即可。

碳水化合物 蛋白质

芝士鸡蛋麦饼

食材

鸡蛋	2个
全麦卷饼	1张
午餐肉	1片
肉松	适量
小葱	适量
马苏里拉芝士	适量
黑胡椒碎	适量
盐	适量
香菜碎	适量
植物油	适量

早餐速配

海带味噌汤（第35页）＋葡萄

❶午餐肉切丁；小葱洗净，切段；鸡蛋打散。

❷午餐肉丁、肉松、葱段、香菜碎放入蛋液中，搅拌均匀。

❸锅内喷适量植物油，烧热后倒入蛋液。

❹待蛋液底部略凝固时盖上卷饼，用勺子轻压黏合。

❺卷饼上撒马苏里拉芝士，对折，盖住芝士，轻压黏合。

❻转小火焗半分钟，盛出切开，撒上黑胡椒碎和盐即可。

菠菜鸡蛋卷

碳水化合物 蛋白质 维生素C

食材

胡萝卜	1/2根
菠菜	1小把
鸡蛋	3个
鲜香菇	4朵
盐	适量
鸡汁	适量
植物油	适量

早餐速配

豆浆

❶菠菜洗净，沥干水，切碎。

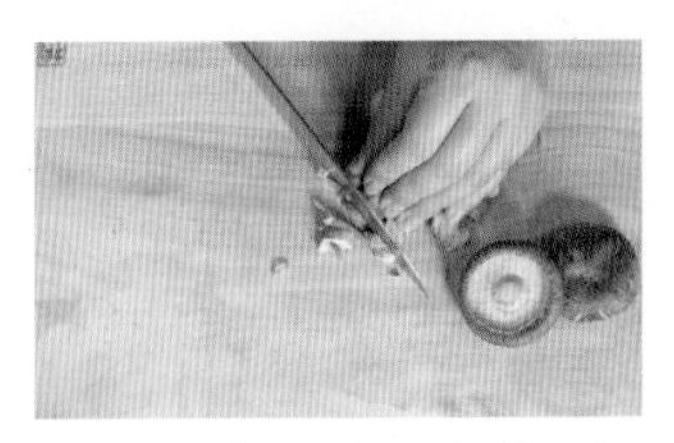

❷鲜香菇洗净，去蒂，切碎；胡萝卜洗净，去皮，放入料理机中打碎。

❸菠菜碎、香菇碎、胡萝卜碎放入碗中，打入鸡蛋，倒入鸡汁，加盐，搅拌均匀。

❹油锅烧热，放入适量蛋液，轻轻摇晃锅身，平铺蛋液。

❺待蛋液半凝固时，用铲子将蛋饼的一端翻起，慢慢将蛋饼卷起。

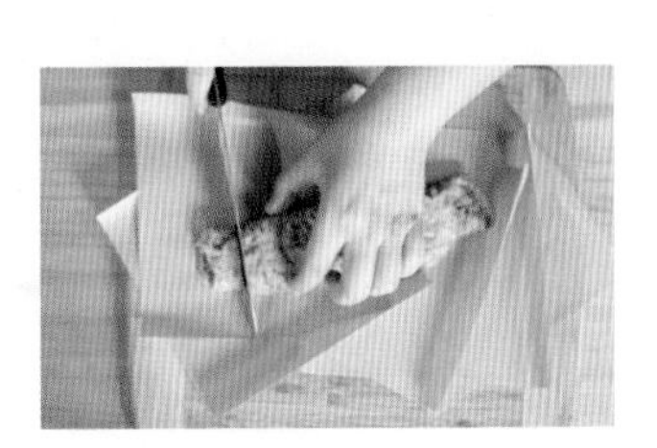

❻蛋卷煎至全熟后取出，用吸油纸吸去多余油脂，稍凉凉后切段即可。重复④和⑤步，煎好全部蛋卷。

酱牛肉夹馍

扫一扫 跟着做

这道酱牛肉夹馍使用的牛腱肉肉质紧实，高蛋白低脂肪，再配上生菜解腻，让孩子一早上能量满满，学习、运动都有劲儿。

家常咸豆浆（第 30 页）

杧果

食材

牛腱	300克
生菜叶	2片
鸡蛋	2个
白吉馍	2个
卤料包	1个
姜	3片
大葱段	适量
蒜瓣	适量
冰糖	适量
熟白芝麻	适量
彩椒丝	适量
盐	2茶匙
生抽	2瓷勺
老抽	1瓷勺
蚝油	1瓷勺
植物油	适量

前一晚准备好

❶牛腱、大葱段、姜片、卤料包、蒜瓣放入高压锅，加入盐、冰糖、老抽、生抽、蚝油。

❷锅中加入适量水，大火煮至上汽后，中火煮10分钟，转小火煮5~10分钟，待蒸汽散尽后开盖。

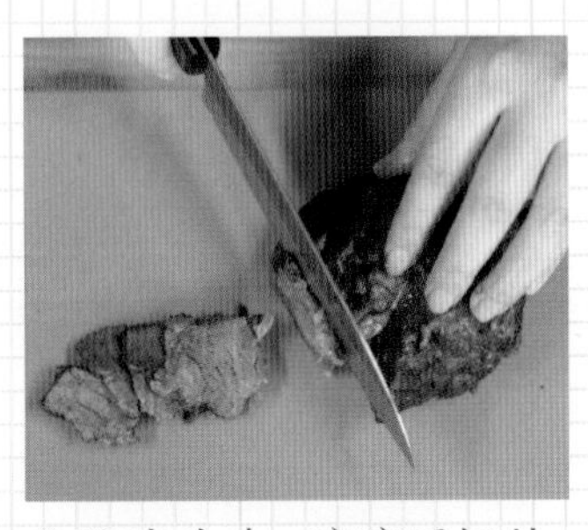

❸取出牛肉，凉凉后切片，淋上卤汁，冷藏备用。

早上直接做

❶烤箱预热170℃，放入白吉馍，烤3分钟，取出片开。

❷油锅烧热，打入鸡蛋，煎至两面金黄；生菜叶洗净，用厨房纸擦干水。

❸将生菜叶、荷包蛋、酱牛肉片塞入白吉馍中，撒上熟白芝麻和彩椒丝即可。

小贴士

白吉馍表皮焦香酥脆，馍瓤绵软可口。上述食材的用量可以做两个肉夹膜。提前买好的白吉馍建议在制作前复烤一下，可以用烤箱，也可以用电饼铛。

第5章

三明治和汉堡，快捷有营养

孩子吃腻了包子和面条？那就试试西式早餐吧！三明治和汉堡制作起来很便捷，在时间紧张的早晨，学会做这些快手美味，再也不用担心“上班、上学来不及”“没时间”。加入煎蛋、牛油果、牛肉、鸡肉等食材的三明治和汉堡不仅美味，还能保证孩子摄入充足营养，迅速补充能量，让孩子一上午活力满满！

碳水化合物 蛋白质 维生素C 膳食纤维

黄瓜鸡蛋三明治

食材	
橄榄形面包	2个
鸡蛋	2个
黄瓜	1/2根
沙拉酱	适量
黑胡椒碎	适量
欧芹碎	适量
植物油	适量

早餐速配

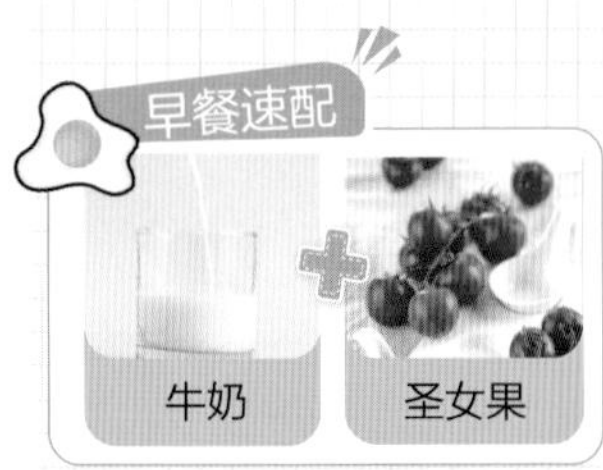

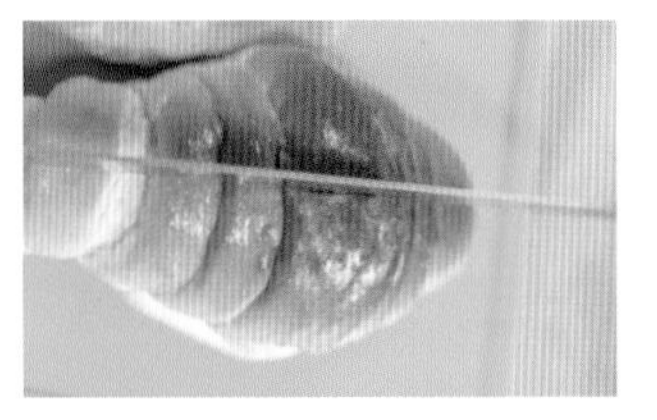

①面包从中间切开，注意不要切断。

②鸡蛋打入碗中，搅拌均匀；黄瓜洗净，切片。

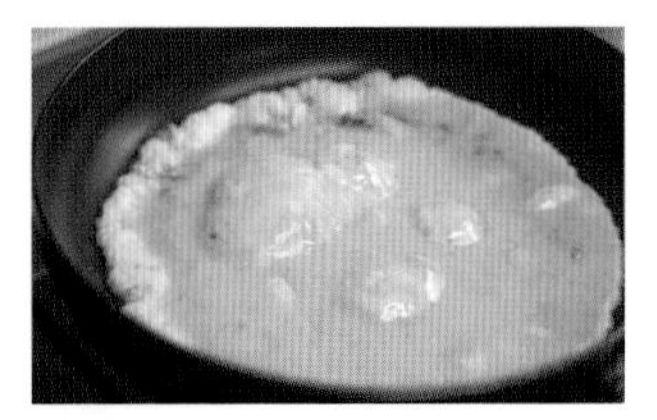

③油锅烧热，倒入蛋液，划散后盛出备用。

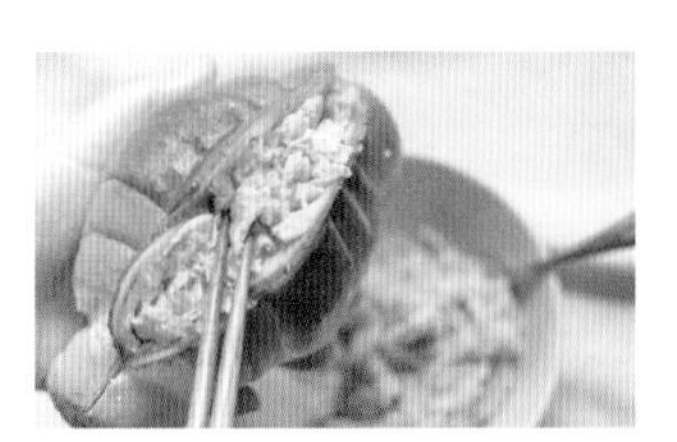

④将黄瓜片、炒好的鸡蛋放入面包中，淋上沙拉酱，撒上欧芹碎和黑胡椒碎即可。

小贴士

挑选鸡蛋要看保质期和上市日期，要选择冷藏15天内的新鲜鸡蛋。鸡蛋不要煎得太老，煎制过程中注意轻轻划动蛋液，滑嫩嫩的鸡蛋孩子更爱吃。

碳水化合物 蛋白质 钾

口袋三明治

食材

火腿鸡蛋三明治：

鸡蛋	1个
火腿	2片
吐司	2片
黄油	适量

草莓香蕉三明治：

香蕉	1根
吐司	2片
黄油	适量
草莓酱	适量

早餐速配

❶三明治机预热2分钟，铁板上抹一层黄油，打入鸡蛋，用铲子轻推至填满铁板，扣紧盖子，加热2~3分钟，打开盖子，取出煎蛋。

❷铁板上抹一层黄油，依次放上1片吐司、煎蛋、火腿片，再放上1片吐司，扣紧盖子，加热2~3分钟后取出，稍凉凉后沿对角线切开。

❸香蕉去皮，切片；吐司一面刷上一层草莓酱，放上香蕉片。

❹三明治机预热2分钟，铁板上抹一层黄油，放上草莓酱香蕉吐司片。

❺再盖上1片吐司，扣紧盖子，加热2~3分钟后取出，稍凉凉后沿对角线切开。

❻将切好的三明治堆叠摆盘，可搭配孩子喜欢的水果如草莓、蓝莓等作为点缀。

碳水化合物 蛋白质 维生素C

盒子三明治

食材

吐司	2片
菠萝	2片
鸡蛋	1个
牛奶	15毫升
金枪鱼肉（罐装）	适量
欧芹碎	适量
沙拉酱	适量
植物油	适量

早餐速配

❶鸡蛋打入碗中，一边搅拌一边缓慢倒入牛奶。

❷金枪鱼肉放入碗中，加沙拉酱调味，搅拌均匀。

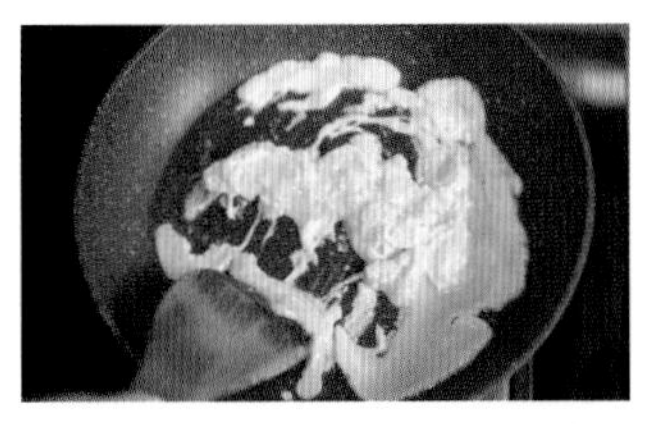

❸油锅烧热，倒入蛋奶液，划散翻炒均匀后盛出。

❹菠萝片切去中间口感较老的部分，放入油锅中，煎至两面焦黄。

❺吐司片贴着盒子两侧放置，中间放入鸡蛋。

❻贴着吐司片放入菠萝片、金枪鱼肉，撒上欧芹碎即可。可根据孩子喜好，在顶部淋上少量沙拉酱。

火腿蛋三明治

食材

吐司	2片
生菜叶	2片
火腿片	2片
鸡蛋	2个
番茄	1个
植物油	适量

早餐速配

牛油果布丁奶昔（第170页）

❶番茄洗净，切片；生菜叶洗净，擦干水。

❷吐司放入烤箱，160℃烤5分钟，取出凉凉后切去四边。

❸鸡蛋打入碗中，打散成蛋液。

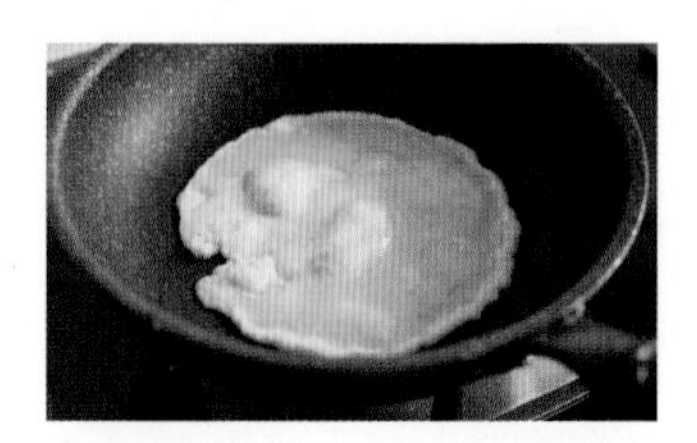

❹油锅烧热，倒入蛋液，中火煎熟。

❺将番茄片、煎蛋、火腿片和生菜依次铺在1片吐司上，再盖上另一片吐司，将三明治沿两边对角线切成4块，用竹签固定即可。

碳水化合物 蛋白质 DHA 膳食纤维

金枪鱼彩蔬三明治

食材

吐司	3片
生菜叶	2片
樱桃萝卜	2个
金枪鱼肉（罐装）	1/2盒
黄彩椒	1/3个
红彩椒	1/3个
圣女果	6个
美乃滋酱	适量
黑胡椒碎	适量

早餐速配

百香莓莓汁（第169页）

❶生菜叶洗净，擦干水；樱桃萝卜洗净，切薄片；圣女果洗净，切片；黄彩椒和红彩椒洗净，切细丁。

❷将金枪鱼肉放入碗中，用勺子碾碎，加入彩椒丁，挤上美乃滋酱，撒上黑胡椒碎，拌匀成金枪鱼沙拉。

❸1片吐司平放，依次铺生菜叶、圣女果片和樱桃萝卜片；另一片吐司铺金枪鱼沙拉。

❹2片吐司叠加后再盖上1片吐司即可。

小贴士

圣女果可用番茄代替，彩椒也可选择孩子喜欢的类型，让早餐有更多的可能性，满足孩子的多种需求。

牛肉全麦三明治

碳水化合物 蛋白质 钙 维生素C

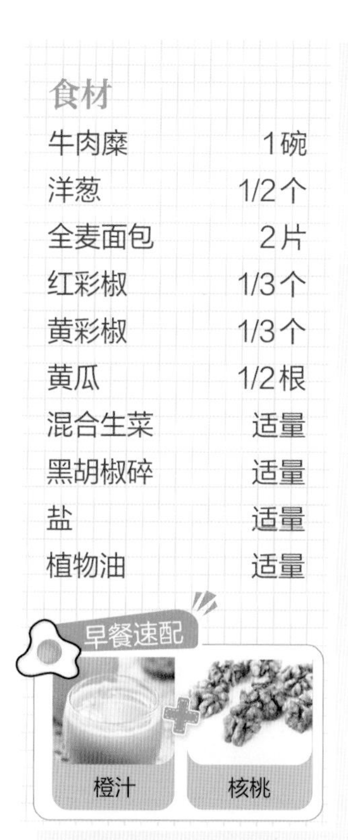

食材

牛肉糜	1碗
洋葱	1/2个
全麦面包	2片
红彩椒	1/3个
黄彩椒	1/3个
黄瓜	1/2根
混合生菜	适量
黑胡椒碎	适量
盐	适量
植物油	适量

❶洋葱洗净，1/3切丁，2/3切圈或切条；红彩椒、黄彩椒洗净，切圈；黄瓜洗净，切片；混合生菜洗净。

❷牛肉糜加盐、黑胡椒碎调味，加入洋葱丁，抓拌均匀。

❸全麦面包放入烤箱，160℃烤5分钟。

❹取一团牛肉糜，轻轻按捏成圆饼状。

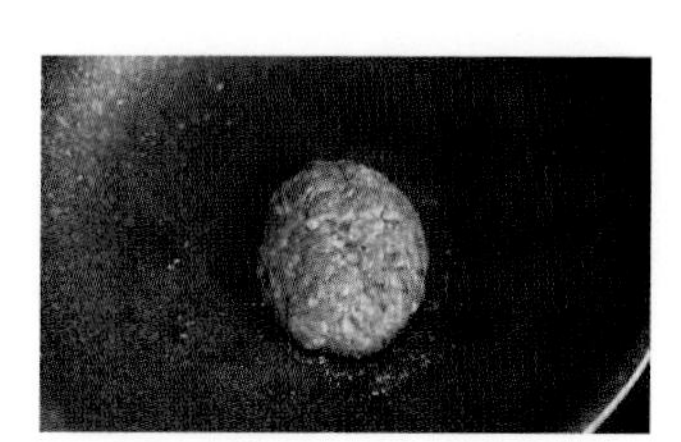

❺油锅烧热，放入牛肉饼，两面煎熟后用厨房纸吸去牛肉饼表面油脂。

❻将蔬菜、牛肉饼依次铺在2片全麦面包上即可。

羊角三明治

食材

羊角面包	1个
生菜叶	1片
火腿	1片
彩椒菌菇什锦沙拉	适量
蜂蜜芥末酱	适量

早餐速配

大力水手蔬果汁（第167页）

❶羊角面包横向切开，注意不要切断；生菜叶洗净，擦干水。

❷将生菜叶铺在羊角面包中，放上火腿片。

❸均匀铺上彩椒菌菇什锦沙拉，淋上蜂蜜芥末酱即可。

小贴士

彩椒菌菇什锦沙拉做法如下：红、黄彩椒各1/2个，洗净，切条；洋葱1/3个，洗净，切丁；蟹味菇洗净，切段。将食材放入油锅中煸熟，加入盐、黑胡椒碎、熟白芝麻拌匀即可。

碳水化合物 蛋白质 叶酸 不饱和脂肪酸

墨西哥法棍三明治

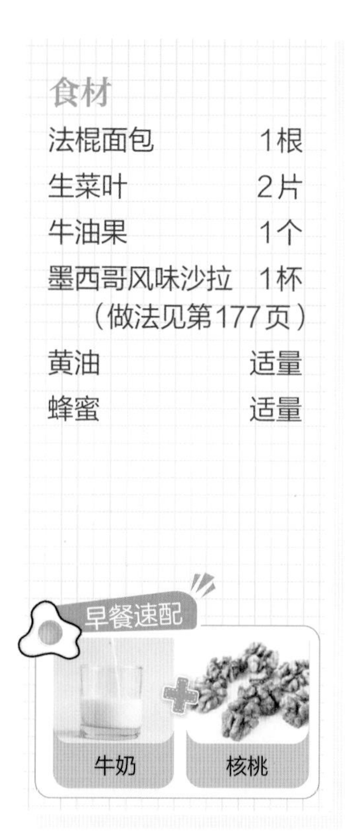

食材

法棍面包	1根
生菜叶	2片
牛油果	1个
墨西哥风味沙拉（做法见第177页）	1杯
黄油	适量
蜂蜜	适量

早餐速配

❶生菜叶洗净，擦干水；牛油果对半切开，取出果肉后切片。

❷法棍面包从侧面切开，切面刷上黄油，放入吐司机烤1分钟。

❸法棍上放生菜叶，铺上墨西哥风味沙拉，再铺上牛油果，淋上蜂蜜。

❹压上另一半法棍，将三明治切成孩子方便抓握的大小。

小贴士

家长在买牛油果时要选择表皮暗沉、手感软、有弹性的，制作过程中可将牛油果片尽量压平，这样做牛油果口感更细腻，孩子会更喜欢。

碳水化合物 蛋白质 钙

葱香虾滑三明治

食材

食材	用量
吐司	3片
虾滑	1/2盒
芝士	2片
黄油	适量
小葱	1小把
黑胡椒碎	适量

早餐速配

❶吐司切边；黄油提前熔化；小葱洗净，切葱花。

❷葱花中加黑胡椒碎和液体黄油，搅拌均匀。

❸芝士片和吐司沿对角线切成三角形；一角吐司铺芝士片和虾滑。

❹虾滑上盖上另一角吐司，表面和四周刷上黄油（也可喷上植物油），放上葱花，用牙签固定。

❺放入空气炸锅或烤箱，165℃加热3~5分钟，表面烤出焦色即可。

小贴士

如果没有烤箱，也可以用平底锅煎制，刷一层薄薄的橄榄油即可，既能让孩子摄入优质脂肪，清香的口感也是别有风味。

碳水化合物　蛋白质

鸡蛋酱面包球

食材

食材	用量
餐包	3个
鸡蛋	3个
牛奶	30毫升
美乃滋酱	适量

扫一扫 跟着做

早餐速配

雪梨苹果汁（第164页）+ 草莓

❶ 鸡蛋煮熟，剥壳，放入碗中碾碎。

❷ 在鸡蛋碎中加入牛奶，挤上美乃滋酱搅拌均匀成鸡蛋酱。

❸ 将餐包从中间划开，加入拌好的鸡蛋酱，压实即可。

小贴士

如果想要馅多一点儿，可以切掉面包中间部分。

缤纷沙拉

食材

黄瓜	1/3根
圣女果	6个
马苏里拉芝士球	3个
罗勒叶	适量
黑胡椒碎	适量
海盐	适量
橄榄油	适量

早餐速配

牛肉汉堡（第147页）

❶圣女果洗净，一半切丁，一半切片；马苏里拉芝士球切片。

❷罗勒叶洗净；黄瓜洗净，切片；将圣女果丁、黄瓜片放入碗中，加入橄榄油、海盐、黑胡椒碎，搅拌均匀。

❸先放1片圣女果在盘中，再贴着圣女果放上1片芝士，依次叠加摆盘，倒入拌好的黄瓜和圣女果。

❹放上罗勒叶，食用前翻拌均匀即可。

小贴士

圣女果搭配马苏里拉芝士是经典的沙拉组合，加上口味浓郁的罗勒叶，风味更佳。

碳水化合物 蛋白质 维生素C

牛肉汉堡

食材

汉堡面包	2个
牛肉饼	2个
洋葱	1/2个
番茄	1个
生菜叶	2片
芝士	2片
番茄酱	适量
植物油	适量

早餐速配

苹果胡萝卜汁（第163页） 核桃

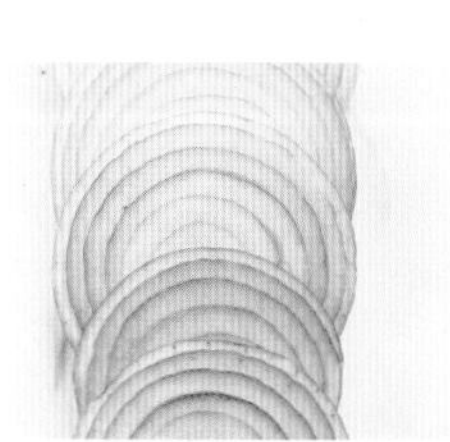

❶洋葱横向切圈，用水浸泡，去除辛辣味；番茄洗净，切片；生菜叶洗净，擦干水；汉堡面包横向切开。

❷油锅烧热，切面朝下放入汉堡面包，煎出香味；牛肉饼煎熟。

❸两块汉堡面包中依次铺上生菜叶、番茄片、牛肉饼、芝士和洋葱圈，淋上番茄酱。同样操作制成第2个。

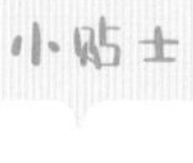

小贴士

洋葱的清甜微辣刚好中和牛肉饼的厚重感，是制作汉堡的“黄金搭档”。如果孩子不喜欢洋葱的辣味，家长可以用孩子爱吃的蔬菜替代。

碳水化合物 蛋白质 维生素C 优质脂肪

牛油果夹心贝果

食材

贝果	1个
牛油果	1个
芝士	1片
火腿	2片
黑胡椒碎	适量
莳萝叶	适量

早餐速配

墨西哥风味沙拉杯
（第177页）

❶芝士在室温下软化；贝果横向切开，一面抹上软化的芝士。

❷牛油果对半切开，用勺子挖出果肉，切片，均匀地铺在一半贝果上。

❸另一半贝果上平铺火腿片，撒上黑胡椒碎和莳萝叶，盖上抹有芝士的一半贝果即可。

小贴士

莳萝叶是一种天然健康的香料，和小茴香一样，其嫩茎可以当作辅菜，不仅能调味，还能舒缓孩子的情绪，让孩子晨间的心情更愉悦。

碳水化合物　蛋白质　维生素E　维生素C

卷心菜鸡蛋汉堡

食材

卷心菜	1/2棵
胡萝卜	1根
鸡蛋	3个
虾仁	4只
玉米粒	适量
盐	适量
淀粉	适量
植物油	适量

早餐速配

莓果多多早餐杯
（第188页）

扫一扫 跟着做

❶卷心菜洗净，擦干水后切丝；胡萝卜洗净，去皮，切丝；虾仁去虾线，洗净。

❷卷心菜丝、胡萝卜丝放入碗中，加入适量盐后抓匀，待略微出水软化后，用厨房纸吸干多余水。

❸碗中打入1个鸡蛋，加入玉米粒，搅拌后加适量淀粉，搅拌均匀成蔬菜浆。

❹鸡蛋汉堡锅加油烧热，两个模具内放入蔬菜浆。

❺另外两个模具中分别打入1个鸡蛋，半熟时放入虾仁。

❻逐个翻面煎熟后取出，将鸡蛋盖在蔬菜饼上，组合成鸡蛋汉堡即可。

碳水化合物
蛋白质
巧克力华夫饼
扫一扫 跟着做
忙碌的学习日偶尔来点甜品，给孩子一个小惊喜。松软的口感、香甜的气味、精致的摆盘，巧克力华夫饼必定能“俘获”孩子的胃。
早餐速配
苹果胡萝卜汁（第163页）

食材

低筋面粉	75克
牛奶	50毫升
鸡蛋	1个
玉米淀粉	15克
黄油	20克
白砂糖	25克
蓝莓	适量
泡打粉	适量
巧克力酱	适量
糖粉	适量

❶鸡蛋打入碗中，加入白砂糖，搅拌均匀，再倒入牛奶，搅拌打发。

❷将软化好的黄油加入蛋奶液中，搅拌均匀。

❸低筋面粉、玉米淀粉、泡打粉放入空碗中，搅拌均匀，过筛后倒入装有蛋奶液的碗中，用刮刀搅拌至无干粉状态。

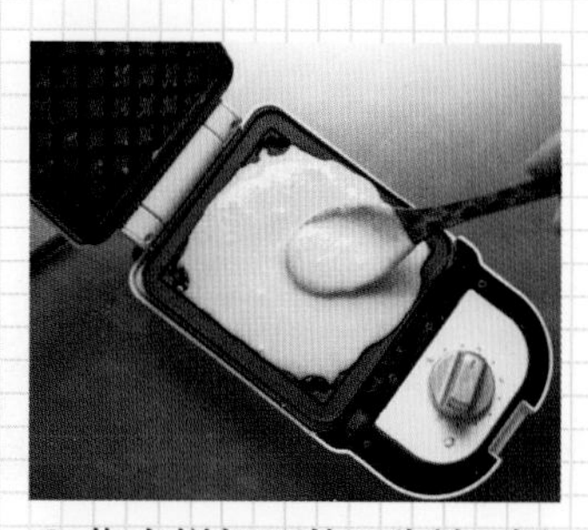

❹华夫饼机预热2分钟，倒入蛋奶液，铺匀，扣上盖子，加热3分钟。

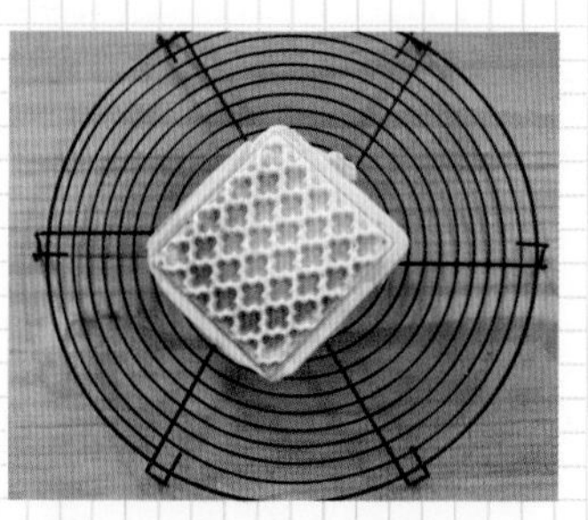

❺取出华夫饼，放在烤架上凉凉。

❻切掉边缘多余的饼皮，用十字花刀切开摆盘，淋上巧克力酱、撒上糖粉、放上蓝莓即可。

小贴士

华夫饼刚烤好时松软有弹性，放凉后外皮酥脆，两种口感各有特色，可根据孩子的喜好选择。

碳水化合物 蛋白质 维生素C

草莓吐司

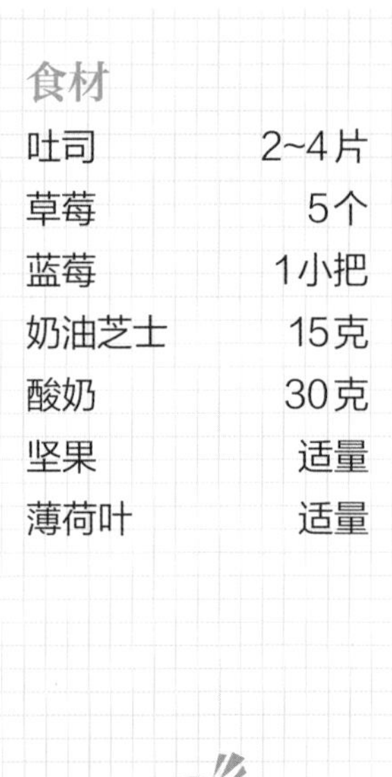

食材

吐司	2~4片
草莓	5个
蓝莓	1小把
奶油芝士	15克
酸奶	30克
坚果	适量
薄荷叶	适量

早餐速配

❶草莓洗净，去蒂，竖着对半切开；蓝莓洗净；坚果切碎；薄荷叶洗净，切碎。

❷奶油芝士、酸奶倒入碗中，搅拌均匀。

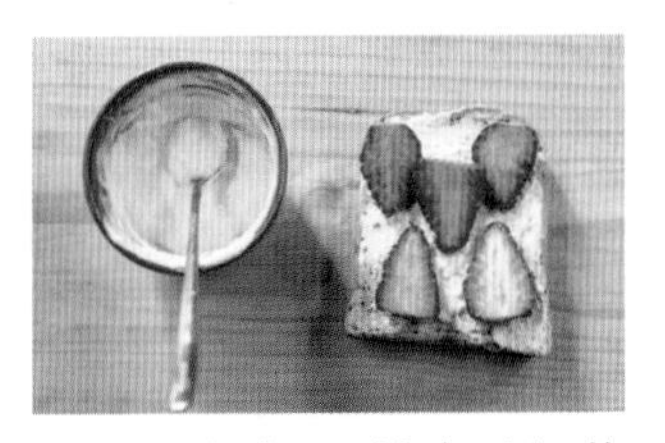

❸取1片吐司，抹上酸奶芝士，放上切好的草莓。

❹点缀上蓝莓、薄荷叶碎，撒上坚果碎即可。

小贴士

薄荷叶让吐司更加清凉，如果孩子不喜欢薄荷的“辣味”，也可以不放。奶油芝士可提前从冰箱中取出软化，方便搅拌。

碳水化合物　蛋白质

酸奶吐司

食材

食材	用量
吐司	2片
草莓	5个
蓝莓	1小把
即食燕麦	1/2碗
酸奶	100克
巧克力棒	适量

早餐速配

腰果

❶吐司切成约2厘米见方的小块，烤箱预热160℃，烤盘铺油纸，放上吐司块，烤30分钟。

❷蓝莓洗净；草莓洗净，去蒂，从顶部用十字花刀切块。

❸杯底铺上1/3吐司块，撒上即食燕麦。

❹均匀地放上草莓块和蓝莓，淋上酸奶，点缀上巧克力棒即可。

小贴士

想让吐司块更香脆诱人，烤制时可在吐司块上刷熔化好的黄油，再撒些粗砂糖。烤好的吐司块焦黄酥脆，凉凉后一次吃不完，可放在密封罐中保存数日。

碳水化合物 蛋白质 维生素C

吐司比萨

扫一扫 跟着做

吐司比萨的食材搭配五颜六色，好看又有营养。可以再放上几个虾仁，虾仁含有的脂肪酸可以让孩子注意力更集中。

早餐速配

草莓酸奶杯（第173页）

食材

吐司	2片
培根	1片
圣女果	4~8个
西蓝花	1朵
沙拉酱	适量
熟玉米粒	适量
马苏里拉芝士	适量

❶西蓝花洗净，切小朵，放入沸水中焯烫10秒，捞出。

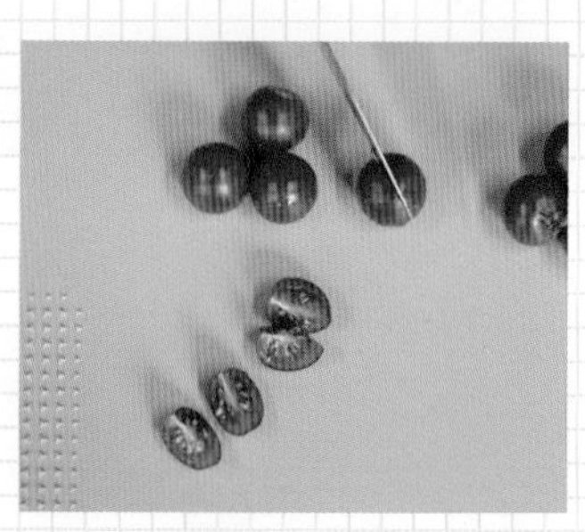

❷圣女果洗净，切丁；培根切小段。

❸吐司一面抹沙拉酱，铺上熟玉米粒。

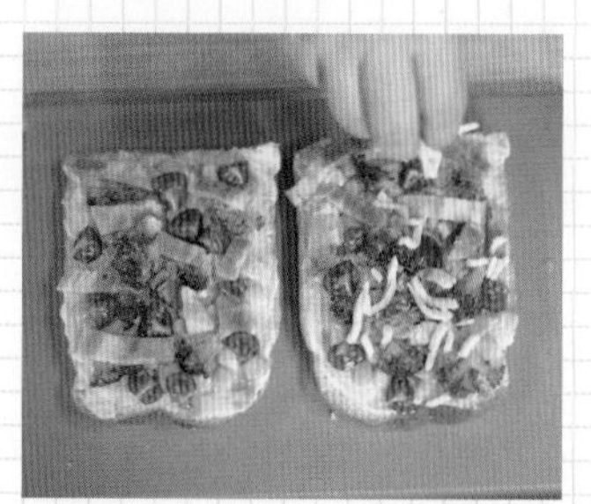

❹摆上西蓝花、圣女果丁、培根段，撒上马苏里拉芝士。

❺烤箱预热200℃，中层放入吐司比萨，上下火，烤5~7分钟，至芝士熔化。

小贴士

用吐司做小比萨非常快捷，馅料可随心情安排，甚至不用特意准备食材，早上打开冰箱，有什么就用什么。

第6章

五彩果蔬汁，握在手里的爱与健康

果蔬汁含有大量水分，早上来一杯，能帮助孩子打开食欲，保持大脑思维活跃，维持身体各项机能正常运转。同时，果蔬汁制作简单，准备好食材放入榨汁机中，坐等开喝即可。早上时间紧张，家长可以将果蔬汁打包，让孩子拿着在路上喝。

膳食纤维 钙

小吊梨汤

食材

食材	用量
梨	1个
梨干	2片
红枣	2个
干银耳	1/2朵
橘皮	适量
芦根	适量
枸杞	适量
梅干	适量
百合干	适量
红糖	适量
冰糖	适量

早餐速配

营养鸡肉饼（第125页）

松子

❶梨洗净，去皮，切块；梨干、红枣、干银耳、橘皮、芦根、枸杞、梅干、百合干洗净。

❷将上一步处理好的食材和红糖、冰糖一同放入养生壶（或汤锅）内。

❸加适量水煮90分钟，完成后倒入杯中即可。

小贴士

银耳要随泡随用，不能长时间加水浸泡，以免产生有害物质，损害孩子的健康。梨可以选用水分足、润燥止咳化痰效果更好的雪梨。

元气五红饮

蛋白质　优质脂肪　铁　维生素C　维生素E

食材

红枣	4个
核桃仁	2个
红豆	30克
花生仁	15克
枸杞	适量
冰糖	适量

❶红枣洗净，去核；红豆、花生仁、枸杞、核桃仁放入水中浸泡一会儿。

❷将红枣、红豆、花生仁、枸杞、核桃仁、冰糖放入豆浆机内，加水至水位线，启动“豆浆”模式。完成后倒入杯中即可。

小贴士

若想提高此款饮品的浓稠度，可适量添加黄豆和小米，但使用前要将它们加水浸泡半小时。

B族维生素　维生素C　膳食纤维

舒润山药饮

食材

食材	用量
山药	1根
鲜银耳	1/2朵
薏米	10克
南北杏仁	10克
枸杞	适量
白砂糖	适量

❶山药洗净，去皮，切小段；鲜银耳去蒂，洗净，切块；薏米洗净；枸杞洗净。

❷将所有食材放入豆浆机内，加水至水位线，启动“豆浆”或“米糊”模式。

❸将山药饮倒入杯中，可按照孩子的喜好加适量白砂糖。

小贴士

可以选用铁棍山药制作山药饮，搭配薏米一起煮，补脾的效果更好。

碳水化合物　胡萝卜素　膳食纤维

玉米南瓜汁

食材

玉米粒	100克
南瓜	100克
胡萝卜	40克
小米	10克
冰糖	适量

早餐速配

无油鸡肉饭（第64页）

❶玉米粒、小米洗净。

❷胡萝卜、南瓜洗净，去皮，切厚片。

❸将所有食材放入豆浆机内，加水至水位线，启动“豆浆”模式。完成后倒入杯中即可。

小贴士

贝贝南瓜口感细腻粉糯，甜味更突出，用贝贝南瓜做玉米南瓜汁，喝起来更顺滑，因无须额外添加糖来增加甜味，也更加健康。

不饱和脂肪酸　维生素 E　B 族维生素　钙

黑芝麻核桃露

食材

食材	用量
黑芝麻	20~30克
核桃仁	2个
花生仁	15个
枸杞	适量
冰糖	适量

❶黑芝麻、花生仁、枸杞、核桃仁洗净，加水浸泡一会儿。

❷将所有食材放入豆浆机，加水至水位线，启动“豆浆”模式。完成后倒入杯中即可。

小贴士

花生中含有多种不饱和脂肪酸，对孩子大脑发育有好处，可让其在学习时思维活跃，记忆力更好。红皮花生的外皮中含有花青素等抗氧化物质，如果孩子肠胃功能不好，可以选择红皮花生。

维生素C 胡萝卜素 钾

苹果胡萝卜汁

食材

胡萝卜	1根
香蕉	1根
苹果	1/2个
梨	1个
迷迭香	适量

早餐速配

葱多多炒饭（第62页）

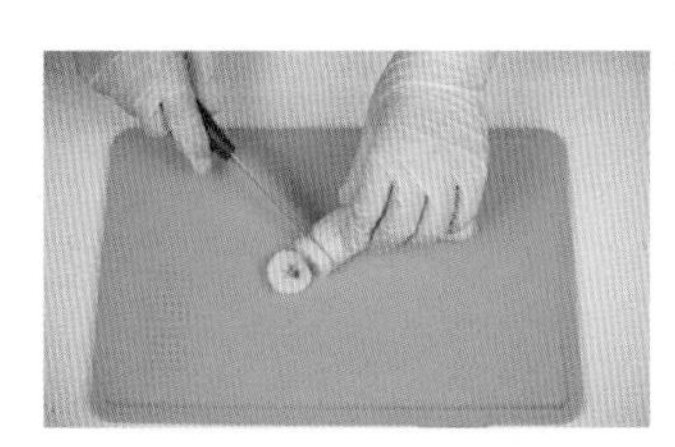

❶香蕉去皮，切块；胡萝卜洗净，去皮，切块。

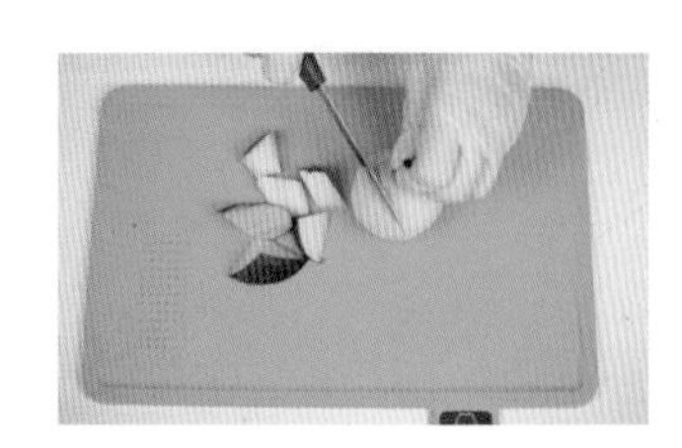

❷苹果洗净，切块；梨洗净，去皮，切块。

❸将水果块和胡萝卜块放入料理机中（留少量苹果块做装饰），加水至瓶身2/3处，启动榨汁。

❹将蔬果汁倒入杯中，点缀上迷迭香、苹果块即可。

小贴士

很多孩子不爱吃胡萝卜。香蕉、梨加上苹果榨成汁，让胡萝卜完美“隐身”，孩子在不知不觉中补充了维生素。因为苹果切开后容易氧化，所以宜将其最后处理。

维生素D 维生素E 膳食纤维

雪梨苹果汁

食材

食材	用量
苹果	1个
雪梨	1个
冰糖	适量

早餐速配

海苔肉松三角饭团（第52页）

❶苹果洗净，去皮，切块；雪梨洗净，去皮，切块。

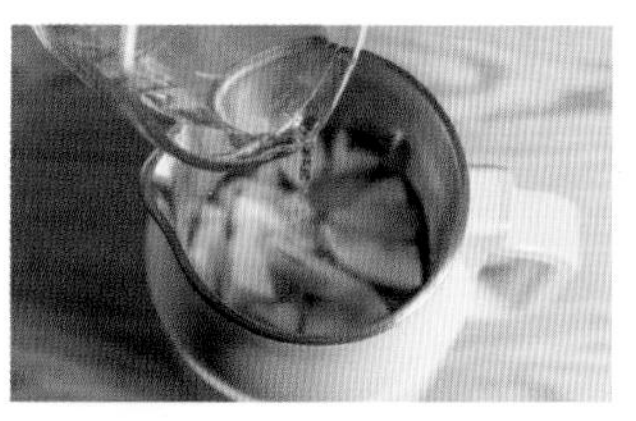

❷将苹果块、雪梨块、冰糖放入豆浆机内，加水至水位线，启动“豆浆”模式。完成后倒入杯中即可。

小贴士

清润的热饮更适合秋冬季饮用，可润喉清肺。若想做冷饮，可选“蔬果汁”模式或使用普通榨汁机制作。

维生素C 胡萝卜素 挥发油 柑橘酸

活力胡萝卜汁

食材

苹果	1个
胡萝卜	1根
小青柑	2片

❶苹果、胡萝卜洗净，去皮，切块。

❷将苹果块、胡萝卜块、小青柑片放入榨汁机中，加水至水位线，启动榨汁。完成后倒入杯中即可。

小贴士

如果想要此款果蔬汁味道甜一些，可多加半个苹果或者胡萝卜减半。

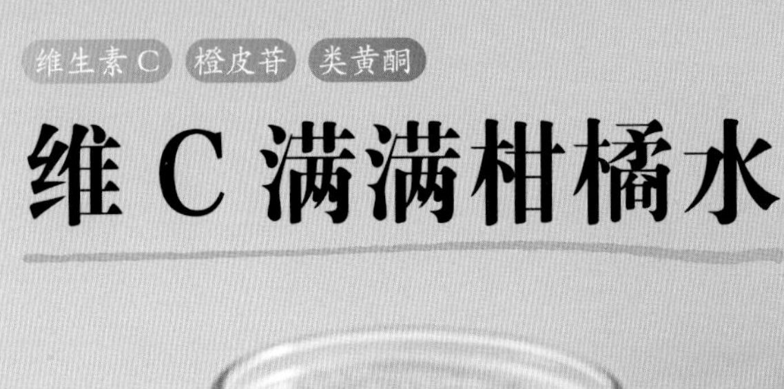

维生素C 橙皮苷 类黄酮

维 C 满满柑橘水

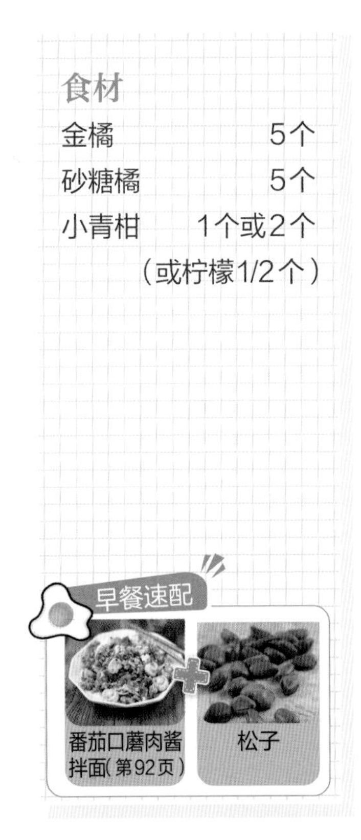

❶金橘洗净，对半切开，去籽；砂糖橘去皮，掰瓣；小青柑洗净，对半切开，去籽。

❷将金橘、砂糖橘瓣、小青柑放入榨汁机中，加水至水位线，启动榨汁。完成后倒入杯中即可。

小贴士

家长在清洗小金橘的时候可以在水中加少许盐和小苏打，浸泡5分钟后用清水冲洗干净即可。如果买不到品质好的小金橘和砂糖橘，可用沃柑和橙子代替。

B族维生素 钾 膳食纤维

大力水手蔬果汁

食材

黄瓜	1根
羽衣甘蓝叶	2片
香蕉	1根
西芹	1根

早餐速配

什锦盖浇饭（第59页）

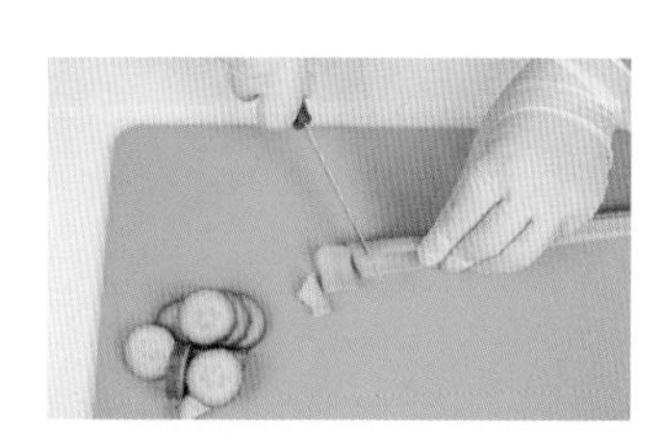

❶黄瓜洗净，切片；西芹洗净，切段。

❷羽衣甘蓝叶洗净，撕小片（留一小片做装饰）。

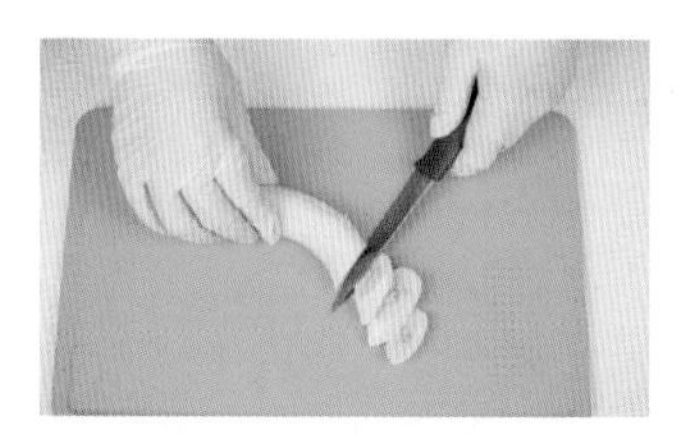

❸香蕉去皮，切块。

❹将所有食材放入料理机中，加水至瓶身2/3处，启动榨汁。将果汁倒入杯中，点缀羽衣甘蓝叶即可。

小贴士

青春期的孩子体内激素水平波动大，这杯果蔬汁有辅助抗炎、去水肿的作用，能帮助青春期的孩子缓解长痘、情绪不稳定等不适。

优质脂肪 维生素C 钾

香柠牛油果汁

食材

牛油果	1个
柠檬	1个
香蕉	1根
黄瓜	1根

早餐速配

紫米饭卷（第53页）

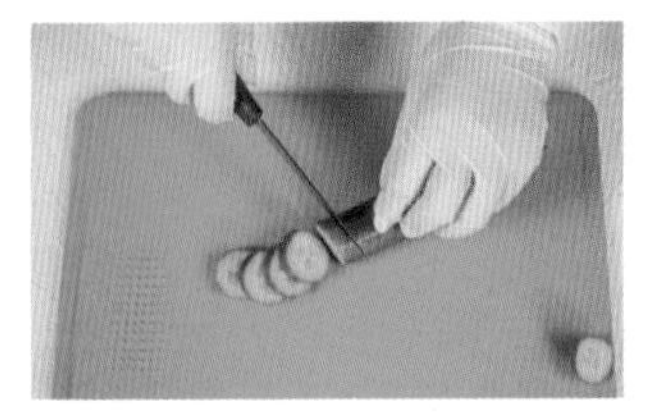

❶黄瓜洗净，切片；香蕉去皮，切块。

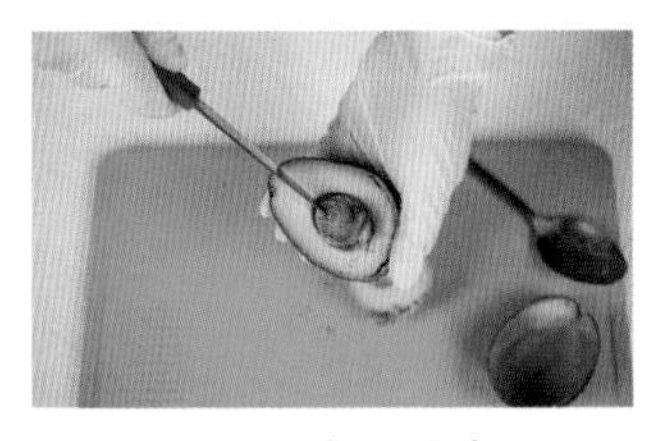

❷牛油果洗净，对半切开，去皮、去核，切块。

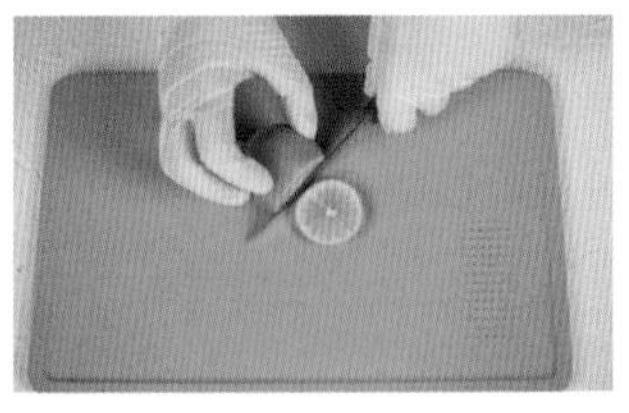

❸柠檬洗净，对半切开，去籽，取一半切薄片。

❹将处理好的食材放入料理机中，留一片柠檬做装饰，另一半柠檬挤入柠檬汁。

❺加水至瓶身2/3处，启动榨汁。将果汁倒入杯中，点缀柠檬片即可。

小贴士

香蕉的甜味中和了柠檬的酸，家长需注意不要给孩子吃未熟透的香蕉，避免因鞣酸含量过高引发孩子胃肠不适。

食材

百香果	1个
苹果	1个
红心火龙果	1/2个
蓝莓	适量

早餐速配

豆干榨菜肉丝面（第78页）

维生素C　膳食纤维　花青素

百香莓莓汁

❶百香果洗净，对半切开，挖出果肉放入料理机中。

❷挖出红心火龙果果肉，放入料理机中。

❸蓝莓洗净，放入料理机中。

❹苹果洗净，切块，放入料理机中。加水至瓶身2/3处，启动榨汁。将果汁倒入杯中即可。

小贴士

对处于用眼时间多的学龄期孩子来说，红心火龙果有保护视力的作用。

蛋白质 B族维生素 膳食纤维

牛油果布丁奶昔

食材

食材	用量
牛油果	1/2个
鸡蛋布丁	1盒
牛奶	120毫升

早餐速配

盒子三明治（第138页）

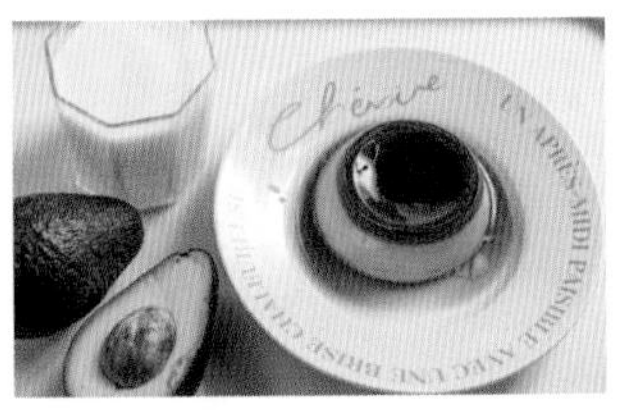

❶牛油果洗净，对半切开，取其中一半，去皮、核，切片；牛奶倒入杯中；鸡蛋布丁放入盘子中。

❷将牛油果片和鸡蛋布丁放入搅拌杯（或破壁机、榨汁机）内，再倒入牛奶。

❸启动搅拌杯，打至食材呈奶昔状，倒入杯中即可。

小贴士

牛油果中的多种不饱和脂肪酸有助于孩子大脑发育。家长用牛油果制作小甜品代替高糖、精加工的零食，可让孩子既有饱腹感，又减少反式脂肪的摄入。

碳水化合物 蛋白质 钾

牛油果香蕉燕麦奶昔

食材

牛油果	1/2个
香蕉	1根
燕麦奶	200毫升

早餐速配

鸡蛋酱面包球（第145页）

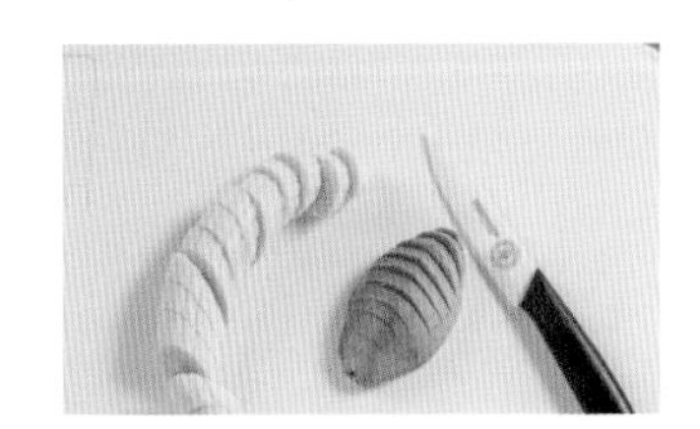

❶香蕉去皮，切片；牛油果洗净，对半切开，取其中一半，去皮、核，切片。

❷将香蕉片、牛油果片放入搅拌杯（或破壁机、榨汁机）内，再倒入燕麦奶。

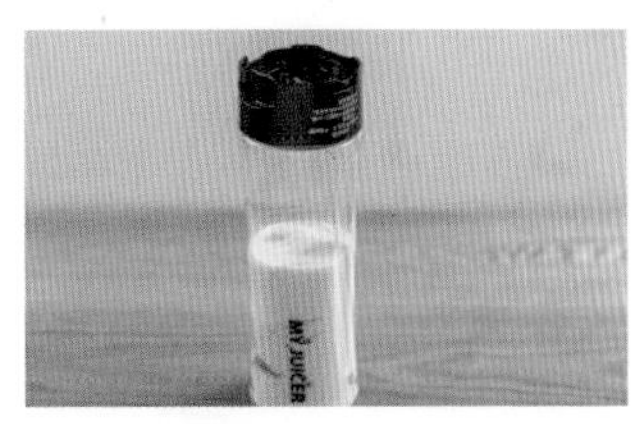

❸启动搅拌杯，打至食材呈奶昔状，倒入杯中即可。

小贴士

家长在选择燕麦奶时要看清配料表，尽量购买低糖或无糖的。

蛋白质 优质脂肪 维生素C

猕猴桃酸奶奶昔

食材

猕猴桃	2个
即食混合燕麦片	1小把
混合坚果	1小把
蔓越莓果干	1小把
酸奶	200毫升
蜂蜜	适量

早餐速配

土豆泥芝士杯（第196页）

❶ 猕猴桃去皮，根据杯子大小切取若干薄片贴在杯壁上，其余切块。

❷ 榨汁机内放入猕猴桃块，倒入酸奶和蜂蜜，打成果昔。

❸ 杯子底部铺一层燕麦片和一半坚果，再倒入猕猴桃果昔。

❹ 顶部铺一层燕麦片，撒上蔓越莓果干和剩余坚果即可。

蛋白质 维生素C 花青素

草莓酸奶杯

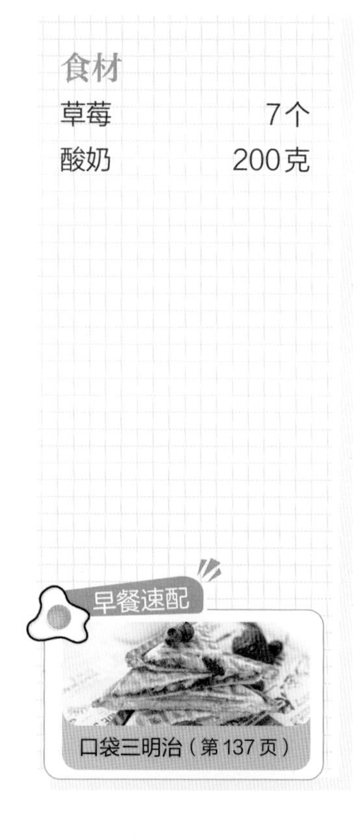

食材

食材	用量
草莓	7个
酸奶	200克

早餐速配

口袋三明治（第137页）

❶草莓洗净，切块（留一个备用），取一半草莓块放入杯底，用捣汁棒轻压几下（无须压得太烂），加入100克酸奶。

❷取另一半草莓块放入搅拌杯内，加入剩下的100克酸奶，摇晃一下，启动搅拌杯，打至食材呈奶昔状。

❸在装有草莓酸奶的杯中倒入草莓奶昔，形成自然分层；在杯沿上点缀一颗草莓即可。

第7章

周末一起做早餐

周末，家长和孩子一起做早餐，不仅能增进亲子关系，还能培养孩子的动手能力。一起做早餐时，可以选择平时来不及做的、孩子想吃的美食，比如蒸糕、槐花饼、肉饼等，也可以举办家庭早餐创意大赛，看看谁的想法最独特，或者共同完成一个大型早餐拼盘。

能量酸奶碗

食材

希腊酸奶	200克
草莓	4个
全麦饼干	1块
烘烤麦片（已烘烤）	适量
蓝莓	适量
蜂蜜	适量
薄荷叶	适量

❶草莓洗净，切块；蓝莓洗净。

❷挖两大勺希腊酸奶放入碗中，依次铺上草莓块、烘烤麦片和蓝莓。

❸点缀上全麦饼干，淋上蜂蜜，点缀薄荷叶即可。

小贴士

如果家长买的酸奶是加糖的，那么蜂蜜可以少加或不加，以免孩子摄入过多糖分。

墨西哥风味沙拉杯

维生素C 钾 锌

食材

洋葱	1/3个
香菜	1根
糖果番茄	适量
青口蜜番茄	适量
黄樱桃番茄	适量
生菜叶	适量
柠檬汁	适量
黑胡椒碎	适量
橄榄油	适量
蜂蜜	适量

早餐速配

卷心菜鸡蛋汉堡（第149页）

❶3种番茄洗净，切丁；洋葱洗净，切丁；香菜洗净，切末。

❷将洋葱丁、香菜末、番茄丁放入杯中，挤入柠檬汁，加入适量黑胡椒碎、橄榄油（喜欢甜口的可以加蜂蜜）。

❸杯子底部垫生菜叶，将拌好的番茄沙拉装入杯子内即可。

小贴士

如果想让沙拉杯营养更丰富，家长可以在沙拉中加入牛肉粒、奶酪等——一杯沙拉，应有尽有。

碳水化合物 蛋白质 维生素C 钾

快捷亲子丼

食材

食材	用量
鸡腿肉	300克
糙米饭	200克
鸡蛋	3个
洋葱	1/2个
生抽	适量
料酒	适量
白砂糖	适量
盐	适量
海苔香松	适量
大葱段	适量
高汤	适量
香芹段	适量

早餐速配

海带味噌汤（第35页）

❶鸡腿肉切小块，放入碗中，加入白砂糖、生抽、盐、料酒，搅拌均匀，腌10分钟。

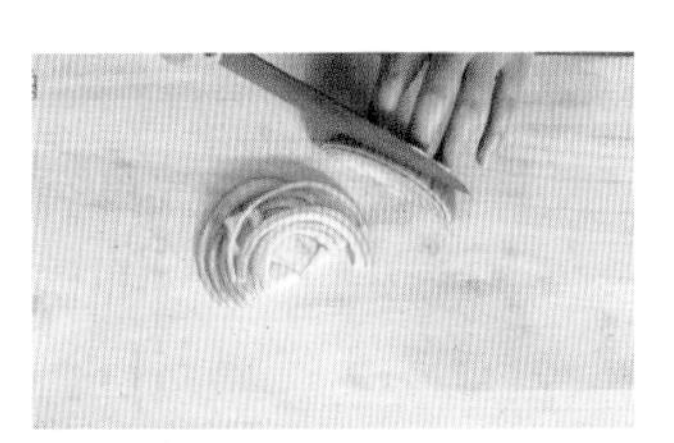

❷洋葱洗净，去皮，切丝；大葱段洗净，切碎；鸡蛋打散备用。

❸鸡腿肉块和腌料一同倒入锅中，大火煮沸。

❹加入适量高汤，大火煮沸，放入洋葱丝，再倒入适量水，淋上蛋液，放入大葱碎。

❺关火，闷1分钟，盛出放在提前加热好的糙米饭上，点缀上香芹段即可，可根据喜好适量添加海苔香松。

小贴士

用前一天晚上吃剩的米饭做这道快捷亲子丼，不仅能省去蒸米饭的时间，口感也更好，米饭粒粒分明，孩子更爱吃。

碳水化合物

烤馍片

食材

馒头	3个
烧烤酱	适量
孜然粉	适量
葱花	适量
欧芹碎	适量
植物油	适量

❶馒头切约1厘米宽的厚片。

❷烧烤酱、植物油、孜然粉、欧芹碎混合成酱料。

❸将馒头片放在烤盘上，将酱料均匀地刷在馒头片两面。

❹烤箱预热180℃，放入馒头片，烤10分钟，取出后撒上葱花即可。

小贴士

若家里没有烤箱，也可以用平底锅煎制。因为孩子的早餐宜清爽少油，所以锅底只需刷薄薄的一层油即可。

食材

中筋面粉	400克	鸡蛋	1个	花椒	适量
猪肉糜	350克	盐	适量	五香粉	适量
茴香	200克	葱花	适量	蚝油	适量
榨菜碎	80克	葱段	2根	植物油	适量

前一晚准备好

❶量杯里放入葱段、花椒，倒入100毫升水，浸泡1小时后捞出葱段和花椒即成葱椒水。

❷中筋面粉放入碗中，一边分次倒入100毫升水，一边用筷子搅拌成絮状；揉成面团，反扣上碗，静置10分钟。

❸继续揉，直至面团表面光滑，反扣上碗，静置20分钟。

❹茴香去根，洗净，切碎；猪肉糜放入碗中，加入盐、五香粉、蚝油、植物油、打入鸡蛋，搅拌均匀，放入榨菜碎、葱花、茴香碎，继续搅拌，其间少量多次加入葱椒水，搅拌上劲。

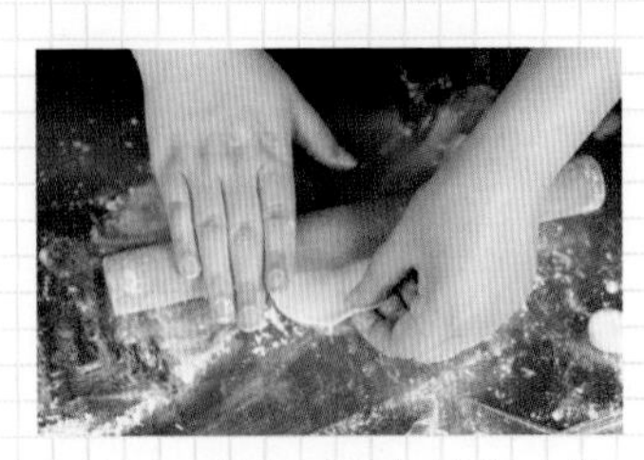

❺取出面团，搓成长条，分割成两段，切成若干个重10~12克的剂子，将剂子擀成饺子皮。

❻饺子皮上放适量馅料，粘合边缘，用虎口挤压出“小肚子”。依次包好所有饺子，放入冰箱冷冻保存。

早上直接做

❶锅中倒入适量水，煮沸，放入饺子，用漏勺推散，以免粘底。

❷煮至饺子全熟浮起，盖上锅盖，关火，闷1分钟，捞出即可。

小贴士

饺子的馅料多种多样，可根据所在地区的特色食材和个人口味制作不同馅料的饺子。一次多包一些，早上起来直接煮，方便快捷。

五香槐花饼

孩子早上被槐花的香味叫醒，起床气一下子被花香“赶走”了。

菠菜豆腐汤

食材

洋槐花	65克
鸡蛋	2个
五香粉	适量
面粉	适量
植物油	适量
盐	适量

❶洋槐花挑去残花，洗净，沥干水，放入碗中。

❷加入五香粉、盐，打入鸡蛋，倒入面粉，搅拌均匀。

❸油锅烧热，倒入拌好的槐花饼料，用锅铲轻推，平整饼面。

❹盖上锅盖，开中小火，烘熟饼底。

❺将饼翻面，用锅铲轻轻按压饼身，煎至两面金黄即可。

❻用吸油纸吸掉饼上多余的油，稍凉凉后切开即可。

小贴士

清洗槐花的时候可以在水中加入少许盐，这样能洗得更加干净。买来或采来的槐花较多，一次吃不完，可以放在阴凉通风处，晾干表面的水，用保鲜袋分装起来，放入冰箱冷冻保存。随用随取，味道依然新鲜。

京葱肉饼

食材

中筋面粉	300克	葱末	适量	老抽	适量
猪肉糜	150克	盐	适量	五香粉	适量
鸡蛋	1个	生抽	适量	植物油	适量

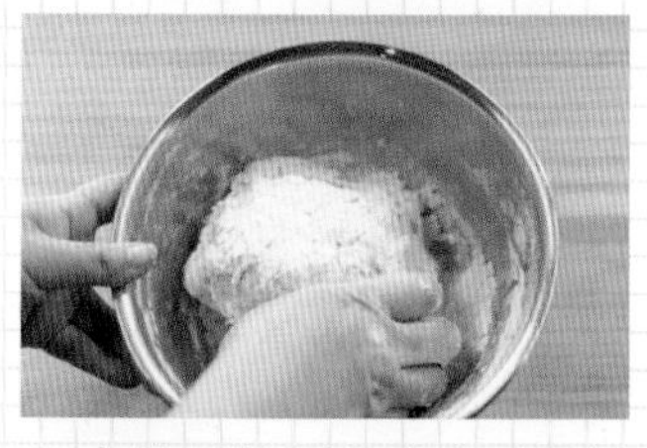

❶中筋面粉倒入碗中（留部分备用），一边缓缓倒入适量温水，一边用筷子搅拌至絮状，用手揉至面团表面光滑，盖上保鲜膜，室温下醒发约30分钟。

❷葱末放入装有猪肉糜的盆中，打入鸡蛋，加入盐、生抽、老抽、植物油、五香粉，搅拌至起浆。

❸案板上撒适量面粉，将面团一分为二，取1个面团拍扁，用擀面杖擀成椭圆形面饼。

❹将肉馅均匀地平铺在面饼上，左下角留白，用刮刀将面饼竖着切成三等份，四周用刮刀各开两道口。

❺按照先右边、再左边、最后中间的顺序，依次逐个叠好面饼，最后用留白的1块面饼覆盖在最上一层，捏合好肉饼边缘。

❻用手为肉饼适当整形，轻轻拍扁，用擀面杖擀薄。用同样的方法擀制另一个肉饼。

❼油锅烧热，放入肉饼，煎至两面金黄。

❽盖上锅盖，小火焖1~3分钟，凉凉后切小块即可。

食材

低筋面粉	60克	白砂糖	20克
鸡蛋	3个	牛奶	50毫升
柠檬	1/2个	植物油	20毫升

❶将牛奶、植物油倒入碗中，用打蛋器打至乳化；鸡蛋分离蛋清和蛋黄，蛋黄打成蛋黄液。

❷将低筋面粉筛入乳化的牛奶中，翻拌均匀。

❸面粉盆中加入蛋黄液，用打蛋器画Z字形，搅拌至无颗粒成蛋黄糊。

❹在装有蛋清的碗中挤几滴柠檬汁，用电动打蛋器搅打至有粗泡产生。

❺分三次加入白砂糖，继续打发，直至打发成干性发泡(拉起打蛋器，蛋白霜呈弯钩形状)。

❻取1/3的蛋白霜倒入蛋黄糊内，快速翻拌均匀，再加一部分蛋白霜，快速翻拌均匀，蛋黄糊倒入剩余的蛋白霜内，翻拌均匀。

❼将面糊倒入模具，盖上保鲜膜，顶部扎几个小孔，放入蒸锅中蒸25分钟。

❽蒸好后闷5分钟，取出稍凉凉脱模即可。

小贴士

周末做好的鸡蛋糕，若不是当天食用，凉凉后放入密封保鲜袋，夏天放入冰箱冷藏室可以保存1~2天，其他季节室温较低时，可以在常温下保存1~2天。

蛋白质 花青素 鞣花酸

莓果多多早餐杯

食材

食材	用量
树莓	1小把
蓝莓	1小把
酸奶	100克
糖粉	适量
薄荷叶	适量

早餐速配

葱香虾滑三明治（第144页）

❶酸奶倒入杯中。

❷蓝莓、树莓洗净。

❸树莓、蓝莓放在酸奶上。

❹点缀上薄荷叶，撒上糖粉即可。

小贴士

早餐杯中的水果可以根据孩子的口味和季节更换，薄荷叶口感清爽，非常适合解暑，孩子不喜欢薄荷味道的话可以不放。

淡奶西多士

碳水化合物 蛋白质 维生素C

食材

吐司	2片
牛奶	70毫升
鸡蛋	2个
无花果	2个
猕猴桃	1个
草莓	3个
黄油	1小块
薄荷叶	适量
肉桂粉	适量
蜂蜜	适量
植物油	适量

早餐速配

酸奶

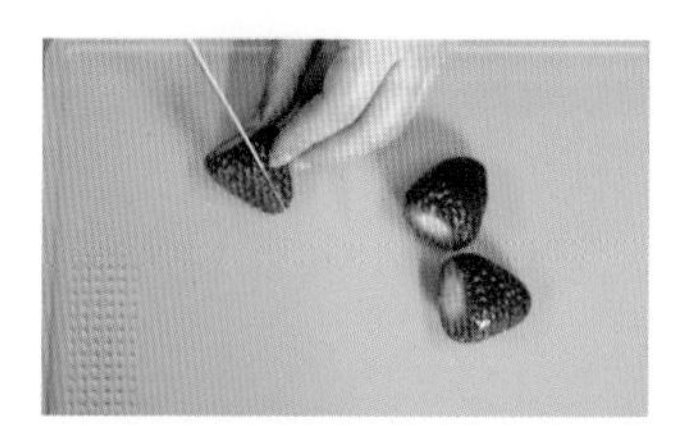

❶草莓洗净，去蒂，切块；猕猴桃去皮，切片；无花果洗净，切块。

❷鸡蛋打入碗中，一边搅打一边倒入牛奶，再加入肉桂粉，搅拌均匀。

❸碗中放入吐司，使其每一面都均匀地裹上蛋奶液。

❹油锅烧热，开中火，放入黄油，加热至黄油熔化，放入吐司，煎至两面金黄，盛出。

❺将草莓块、无花果块、猕猴桃片放在吐司上，淋上蜂蜜，点缀薄荷叶即可。

碳水化合物 蛋白质 硒

菠菜培根司康

食材

食材	用量
面粉	250克
鸡蛋	1个
培根	3片
菠菜	1把
洋葱	50克
黄油	50克
泡打粉	6克
白砂糖	20克
牛奶	50毫升
盐	适量
植物油	适量

❶培根切小段；菠菜洗净，切碎；洋葱洗净，去皮，切碎。

❷油锅烧热，放入洋葱碎，翻炒出香味，放入培根段，炒出焦香味，盛出凉凉。

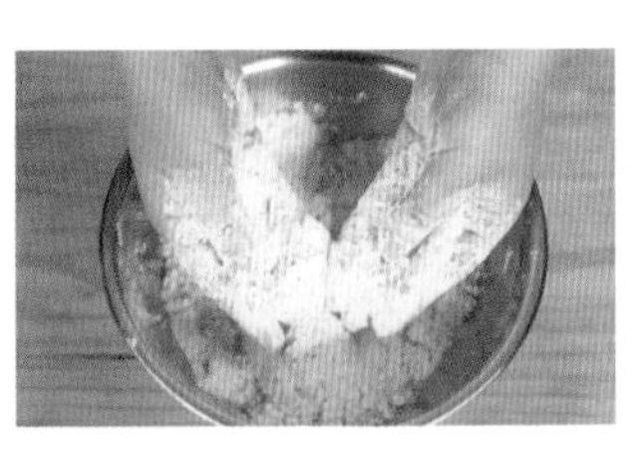

❸黄油切小块，放入碗中，倒入面粉，用手搓揉混合，使面粉均匀地包裹黄油。

❹碗中放白砂糖、泡打粉、牛奶，打入鸡蛋（留少量蛋清），放入菠菜碎、培根段、盐，搅拌至无干粉状态。

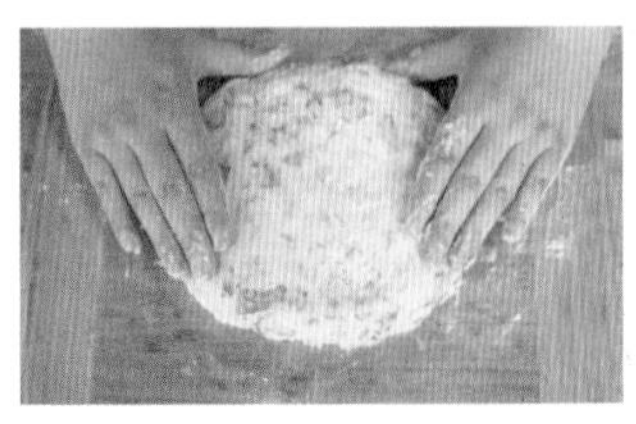

❺案板上铺一张保鲜膜，双手蘸适量面粉，将面糊整成圆形，用保鲜膜包好，冷藏30分钟。

❻取出面团，切块，刷上一层鸡蛋清；烤箱预热200℃，放入面团，烤20分钟即可。

碳水化合物 蛋白质

桂花酒酿鸡蛋

食材

甜酒酿	1盒
鸡蛋	2个
干桂花	适量
枸杞	适量
白砂糖	适量

早餐速配

虾肉生煎包（第102页）

❶枸杞洗净；锅中倒入适量水，大火煮沸。

❷打入鸡蛋，用勺子轻轻搅动，以免粘底。

❸煮至蛋黄快要全部凝固时，加入甜酒酿、枸杞，用勺子轻轻搅动。

❹撒上干桂花，轻轻搅拌，关火盛出即可。如果孩子喜欢吃甜，可以在酒酿出锅前加适量白砂糖。

小贴士

酒酿中含有酒精，低年级的学生要少吃一些，吃的时候注意充分加热。

蛋白质 维生素C

韩式葱腌鸡蛋

食材	
鸡蛋	7个
大葱	1根
线椒	2~4根
盐	适量
白砂糖	适量
生抽	适量
老抽	适量
蜂蜜	适量

早餐速配

香菇番茄牛肉粥（第44页）

前一晚准备好

❶锅中倒入适量水，放入鸡蛋，盖上锅盖，大火煮8分钟。

❷鸡蛋煮熟后捞出凉凉，去壳。

❸大葱洗净，切碎；线椒洗净，切圈。

❹杯中放入盐、白砂糖、生抽、老抽、蜂蜜，倒入适量水，搅拌均匀，再放入大葱碎和线椒圈，制成料汁。

❺将去壳的鸡蛋放入密封罐中，倒入料汁，盖上盖子，放入冰箱冷藏。

早上直接做

早上取出鸡蛋即可食用。汤汁也可以用来拌面或拌饭。

橄榄油番茄焗蛋

食材

洋葱	1个
鸡蛋	1个
番茄	2个
香菜叶	适量
海盐	适量
黑胡椒碎	适量
番茄酱	适量
植物油	适量

❶洋葱洗净，去皮，切丁；番茄洗净，切丁；香菜叶洗净，切碎。

❷油锅烧热，放入洋葱丁，翻炒出香味，倒入番茄丁、番茄酱、海盐，翻炒均匀。

❸番茄丁、洋葱丁炒至熟软后盛入碗中，打入鸡蛋。

❹烤箱预热200℃，放入装有番茄、洋葱和鸡蛋的碗，烤10分钟，取出撒上黑胡椒碎，点缀上香菜碎即可。

小贴士

烤制前鸡蛋上可以放1片芝士，一同放入烤箱，烤至芝士熔化，“拉丝”的芝士配上酸甜的番茄，美味升级。

双薯炒肠仔

食材

洋葱	1/2个
红薯	1个
土豆	1个
台式香肠	1根
混合胡椒碎	适量
海盐	适量
香芹叶	适量
植物油	适量

早餐速配

菜心牛肉粥（第41页）

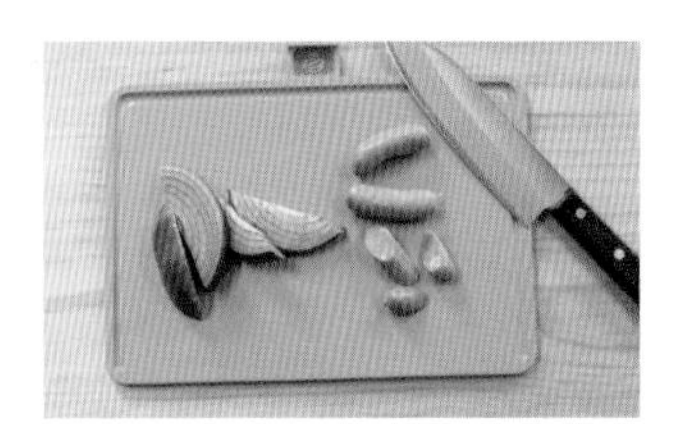

❶洋葱洗净，切丁；台式香肠切段。

❷土豆、红薯洗净，去皮，切丁。

❸油锅烧热，放入洋葱丁，翻炒出香味。

❹倒入土豆丁、红薯丁，翻炒均匀。

❺转中火，放入海盐，翻炒均匀，用锅铲按压煎出焦香，倒入香肠段翻炒均匀。

❻出锅后撒上混合胡椒碎，点缀上香芹叶即可。

碳水化合物 蛋白质

土豆沙拉

食材

黄瓜	1根
火腿	2片
土豆	2个
鸡蛋	2个
牛奶	150毫升
即食青豌豆	适量
苹果醋	适量
沙拉酱	适量
欧芹碎	适量

早餐速配

玉米南瓜汁（第161页）

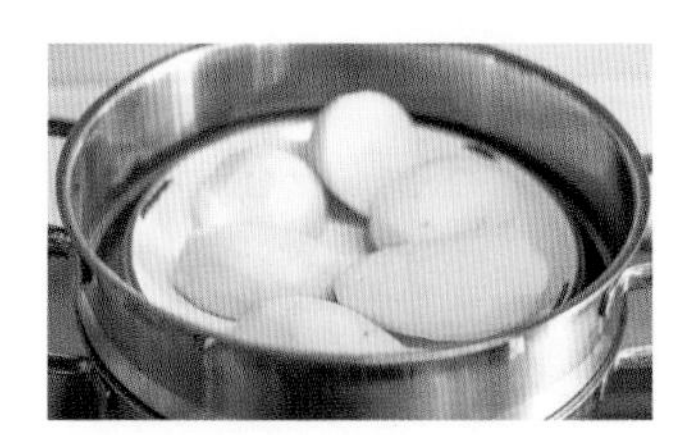

❶土豆洗净，去皮，切块，放入盘子中，蒸锅中倒入适量水，大火煮沸，放入装有土豆的盘子，中火蒸10~15分钟。

❷取出蒸熟的土豆块，趁热用勺子碾碎，倒入牛奶，加入沙拉酱、苹果醋，搅拌均匀。

❸另取一锅，倒入适量水，大火煮沸后放入鸡蛋，煮10分钟，捞出过冷水，凉凉。

❹鸡蛋去壳，对半切开，半个切小块，半个取出蛋黄，切小块。

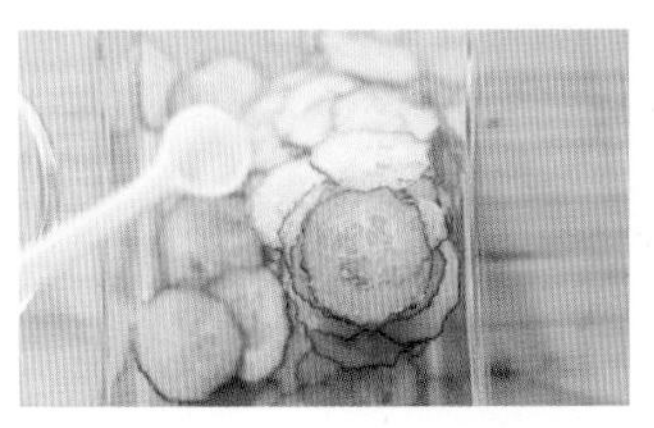

❺黄瓜洗净，去皮，切薄片，撒上盐，出水后挤去水；火腿切丁。

❻黄瓜片、火腿丁、蛋白块放入装有土豆泥的碗中，翻拌均匀，放上鸡蛋块、即食青豌豆，撒上欧芹碎即可。

碳水化合物 蛋白质 钙 钾

土豆泥芝士杯

炒得松软绵密的土豆泥入口即化，调味也很简单。土豆是优质的碳水化合物来源，能让孩子一上午能量满满。

早餐速配

猕猴桃酸奶奶昔
（第172页）

鸡蛋

食材

土豆	3个
水牛芝士球	2个
淀粉	适量
牛奶	200毫升
混合胡椒碎	适量
香芹叶	适量
欧芹碎	适量
植物油	适量

❶土豆洗净，去皮，切块，放在盘子中。

❷蒸锅中倒入适量水，大火煮沸，放入装有土豆的盘子，中火蒸10~15分钟。

❸取出蒸熟的土豆，趁热用勺子压成泥，加入淀粉，分两次倒入100毫升牛奶，搅拌至土豆泥绵密黏稠，加入混合胡椒碎，翻拌均匀。

❹油锅烧热，倒入土豆泥，放入水牛芝士球，翻炒均匀。

❺一边翻炒一边慢慢地倒入剩下的牛奶，翻炒出香味。

❻盛出撒上适量欧芹碎、点缀上香芹叶即可。

小贴士

制作土豆泥首选面土豆，这种土豆口感更绵软细密。如果没有水牛芝士球，可以用马苏里拉芝士代替。

给学生的
营养早餐